高等学校应用型特色规划教材

Python 编程
基础案例与实践教程

嵇　敏　焦慧华 ◎主编

人民邮电出版社
北京

图书在版编目（CIP）数据

Python编程基础案例与实践教程 / 嵇敏，焦慧华主
编. -- 北京 : 人民邮电出版社，2023.8
高等学校应用型特色规划教材
ISBN 978-7-115-61724-8

Ⅰ. ①P… Ⅱ. ①嵇… ②焦… Ⅲ. ①软件工具一程序
设计一高等学校一教材 Ⅳ. ①TP311.561

中国国家版本馆CIP数据核字(2023)第080307号

内 容 提 要

本书内容以任务为导向，以"实训+项目"为牵引，全面介绍 Python 编程基础及其相关知识的应用。全书共 11 章，第 1 章主要介绍 Python 的历史、特点及应用，还介绍了 Python 的开发环境及 Python 程序的运行，并通过精选的案例帮助读者进一步认识 Python。第 2～10 章主要介绍 Python 的基础语法、字符串操作、程序的流程、组合数据类型、函数、标准库和第三方库、文件操作等内容。第 11 章详细讲解 Python 的数据库编程。

本书的主要章节配有练习模块，用于巩固教学效果，实训和项目用于帮助读者提升解决实际问题的能力。

本书适合作为普通高等本科院校及高职高专院校学生的程序设计课程教材。全书内容覆盖全国计算机等级考试二级 Python 语言程序设计大纲，因此也适合参加全国计算机等级考试（二级 Python 语言）的人员阅读。

◆ 主　编　嵇　敏　焦慧华
　　责任编辑　张晓芬
　　责任印制　马振武

◆ 人民邮电出版社出版发行　　北京市丰台区成寿寺路 11 号
　　邮编　100164　　电子邮件　315@ptpress.com.cn
　　网址　https://www.ptpress.com.cn
　　北京市艺辉印刷有限公司印刷

◆ 开本：787×1092　1/16
　　印张：16.25　　　　　　　　2023 年 8 月第 1 版
　　字数：385 千字　　　　　　2023 年 8 月北京第 1 次印刷

定价：59.80 元

读者服务热线：(010)81055493　印装质量热线：(010)81055316
反盗版热线：(010)81055315

前　言

Python 是当下最热门的计算机语言，可广泛应用于科学计算、数据分析、组件集成、图像处理等众多领域，百度、腾讯、豆瓣、知乎等知名互联网企业都在使用 Python，十几万的第三方库形成了 Python 的"计算生态"。

本书作者有超过 8 年的 Python 教学经验，曾面向理、工、农、医、文、史等本科专业开设程序设计类课程，也曾主编多部多版 Python 教材。解决 Python 学习中的困难和疑惑，让教材更适合教学对象、更好地契合教学是作者一直在思考的问题。

本书在知识结构方面应用了思维导图，章节脉络更为清晰；在实训、项目方面拓展加深了案例，并精心设计了重点章节的练习，形成了定位准确、抓手明确、有平台支撑、案例知识点深入且实践性强的写作思路。

按照"统筹职业教育、高等教育、继续教育协同创新"的要求，本书将培养学生的综合素质纳入编写目标，从任务设计、任务实现、项目实践等方面培养学生独立思考和探索新知识、新技术的能力，全面提升学生的信息素养与职业素质。本书具有以下特色。

一是本书面向普通本科学生和高职高专学生培养应用型人才。本书用 Python 知识的最小集合体现语言的应用特色，内容由浅入深，引导学生掌握 Python 编程思想和方法。

二是本书内容紧扣全国计算机等级考试二级 Python 教学大纲。2018 年 Python 纳入了全国计算机等级考试范围，本书的知识点基本覆盖了等级考试的核心内容，并删减了部分使用频率较低的内容。

三是本书在学习和实践上有软件平台支撑。本书得到了百科园教育软件平台的支持，参考本书配套资源中的软件下载与安装说明，既可实现按章节练习测试，又可以下载客户端在线进行编程测试。

四是本书注重应用，课程案例设计可扩展。书中的大部分示例定位在基础层次，源自于作者平时的授课积累，让读者在学习中有获得感和成就感；少部分示例重在应用，培养读者学习计算机编程的思维模式，重点体会 Python 的优雅编程模式；还有一部分示例则面向不同专业的需求。

另外，本书配套资源丰富。全书示例、实训、项目覆盖 Python 的重要知识点，还提供了教学课件、程序源码、软件测试平台。本书精心设计的练习与章节内容准确匹配。作者还录制了重难点内容的课程微视频，扫描封底"信通社区"二维码，回复"617248"即可获取。

编写教材的初衷是准确定位使用人群，让读者有足够的思考和探索空间，让教者有可拓展的案例可以丰富和扩充，助推 Python 的教学改革和课程建设。本书配套的微视频用于答疑解惑和碎片化学习，软件平台为备考和考核提供支撑。本书建议教学的组织形式为"示例解析—课堂练习—实训与项目—课后习题"，从应用的角度学习语言，通过代码来说明编程的方法和过程。建议授课 32～48 学时。标注*号的小节可以略讲，这些内容不影响 Python 的学习。

本书由嵇敏、焦慧华主编，教材编写得到了很多高校一线任课老师的宝贵建议，在此表示感谢。"1000 个人眼中有 1000 个哈姆雷特"，本书作者尝试从知识讲解到课堂练习，再到实训、项目的扩展，这是一种渐进式的启发式教学。由于作者水平有限，书中难免存在疏漏和不足之处，恳请读者批评指正。期待本书为 Python 的教和学助力。

编　者

2023 年 2 月

目　录

第1章 学习编程从 Python 开始

Python 是一种面向对象的、解释型的计算机程序设计语言，可应用于科学计算、系统运维、Web 开发、图像处理等领域。那么，什么是计算机语言？解释型语言有什么特点？Python 语言有什么特点？本章将帮助我们认识 Python，了解 Python 程序的开发环境，理解 Python 程序的运行过程。

✧ 学习目标

（1）掌握计算机语言编译执行和解释执行的特点。
（2）了解 Python 的历史、特点及应用。
（3）学会 Python 的下载和安装。
（4）掌握 Python 程序的开发环境和运行过程。
（5）编写简单的 Python 程序。

✧ 知识结构

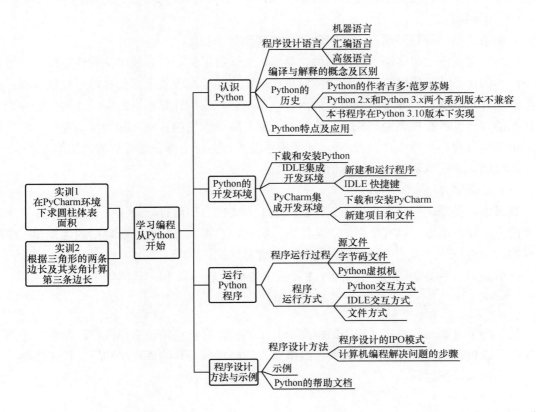

任务 1.1 认识 Python

【任务描述】

Python 可应用于科学计算、数据分析、图像处理等众多领域，是适合初学者的编程语言。

本节任务是了解计算机语言的发展阶段，掌握计算机语言编译执行与解释执行的特点，了解 Python 的历史、特点及应用领域。

1.1.1 程序设计语言

让计算机按照用户的意图完成相应的操作，需要使用程序设计语言来编写程序。程序设计语言也称计算机语言，用于描述计算机所执行的操作。从计算机产生到现在，作为开发工具的程序设计语言经历了机器语言、汇编语言、高级语言等几个阶段。

（1）机器语言

机器语言是采用计算机指令格式并以二进制编码表达各种操作的语言。计算机能够直接理解和执行机器语言程序。

机器语言程序能够被计算机直接识别，它执行速度快，占用存储空间小，但难读、难记，编程难度大，调试修改复杂，而且不同型号的计算机有不同的机器指令系统。

（2）汇编语言

汇编语言是一种符号语言，它用助记符来实现指令功能。

汇编语言程序比机器语言程序易读、易写，并保持了机器语言程序执行速度快、占用存储空间小的优点。汇编语言的语句功能简单，但程序的编写较复杂，而且程序难以移植，因为汇编语言和机器语言都是面向机器的语言，都是为特定的计算机系统而设计的。汇编语言程序不能被计算机直接识别和执行，需要由一种有翻译作用的程序（称为汇编程序）将其翻译成机器语言程序（称为目标程序），计算机才能执行，这个翻译过程称为"汇编"。

机器语言和汇编语言都被称为低级语言。

（3）高级语言

高级语言是面向问题的语言，它比较接近于人类的自然语言。高级语言是与计算机结构无关的程序设计语言，具有更强的表达能力，因此，它可以方便地表示数据的运算和程序控制结构，能更有效地描述各种算法，使用户更容易掌握。

Python 是一种高级语言，计算 5+11 并显示结果的 Python 程序代码如下。

```
>>>print(5+11)
16      #运算结果
```

用高级语言编写的程序（称为源程序）并不能被计算机直接识别和执行，需要经过翻译程序翻译成机器语言程序后才能执行。高级语言的翻译程序有编译程序和解释程序两种，下面分别介绍编译和解释。

1.1.2　编译与解释

对于不同的高级语言，计算机程序的执行方式是不同的。这里所说的执行方式是计算机执行一个程序的过程。按照计算机程序的执行方式，可以将高级语言分成静态语言和脚本语言两类。静态语言采用编译执行的方式，脚本语言采用解释执行的方式。无论采用哪种方式，用户运行程序的方法都是一致的，例如，用户可以通过鼠标的双击操作运行一个程序。

（1）编译

编译是将源代码转换成目标代码的过程。源代码是计算机高级语言的代码，目标代码则是机器语言的代码。执行编译的计算机程序称为**编译器**。

（2）解释

解释是将源代码逐条转换成目标代码，同时逐条运行目标代码的过程。执行解释的计算机程序称为**解释器**。

编译和解释的区别：编译是一次性地翻译，程序被编译后，运行时就不再需要源代码了；解释则是在每次程序运行时都需要解释器和源代码。这两者的区别类似于外语资料的笔译和实时同声传译的区别。

编译只进行一次，所以编译的速度并不是关键，关键是生成的目标代码的执行速度。因此，编译器一般会尽可能多地集成优化技术，使生成的目标代码有更快的执行速度；而解释器因为要追求解释速度不会集成太多的优化技术。

1.1.3　Python 的历史

Python 的作者吉多·范罗苏姆（Guido van Rossum）是荷兰人。吉多理想中的计算机语言是既能够方便地调用计算机的各项功能，如打印、绘图、语音等，又能够轻松地编辑与运行程序，适合大多数人学习和使用。1989 年，吉多开始编写这种理想的计算机语言的脚本解释程序，并将其命名为 Python。吉多的目标是使 Python 成为功能全面、易学易用、可拓展的语言。

Python 的第一个公开版本于 1991 年发布。它是通过 C 语言实现的，能够调用 C 语言的库文件，具有类、函数、异常处理等功能，包含列表和词典等核心数据类型，并且有以模块为基础的拓展系统。

之后，在 Python 的发展过程中，出现了 Python 2.x 和 Python 3.x 两个不同系列的版本，这两个系列版本不兼容。Python 2.x 的最高版本是 Python 2.7，自 2020 年起 Python 2.x 不再发布新的版本。Python 3.x 是从 2008 年开始发布的，本书中的程序是在 Python 3.10 版本下实现的。

存在 Python 2.x 和 Python 3.x 两个不同系列版本的原因是，Python 3.x 不支持 Python 2.x，但 Python 2.x 拥有大量用户，这些用户无法正常升级使用 Python 3.x，所以 Python 之后发布了 2.7 的过渡版本，并且 Python 2.7 被支持到 2020 年。

1.1.4　Python 的特点

Python 是目前最流行且发展最迅速的计算机语言之一，它具有以下几个特点。

（1）简单、易学

Python 以"简单""易学"的特点成为人们学习编程的入门语言。一个良好的 Python 程序像一篇英文文档，非常接近人的自然语言。用户在应用 Python 的过程中，可以更多地专注于要解决的问题，而不必考虑计算机语言的细节，从而回归语言的服务功能。

（2）开源，拥有众多的开发群体

用户可以查看 Python 源代码，研究其代码细节或进行二次开发。用户不需要为了使用 Python 而支付费用，也不涉及版权问题，因为 Python 是开源的。越来越多的优秀程序员加入 Python 开发工作，Python 的功能也愈加丰富和完善。

（3）Python 是解释执行的语言

使用 Python 语言编写的程序可以直接从源代码运行。在计算机内部，Python 解释器先把源代码转换成字节码，再把它翻译成计算机使用的机器语言并运行。Python 是解释型语言，用户可以在交互方式下直接测试执行一些代码行，使 Python 的学习更加简单。

（4）良好的跨平台性和可移植性

Python 是开源的，它可以被移植到多个平台。如果 Python 程序使用了依赖于平台的特性，那么用户可能需要修改与平台相关的代码。Python 的应用平台包括 Linux、Windows、macOS、Solaris、OS/2、FreeBSD、Amiga、Android、iOS 等。

（5）面向对象

Python 既支持面向过程的编程，又支持面向对象的编程。在"面向过程"的语言中，程序是由过程或仅仅是可重用代码的函数构建起来的。在"面向对象"的语言中，程序是由数据和功能组合而成的对象构建起来的。与其他计算机语言（如 C++和 Java）相比，Python 以一种非常强大又简单的方式实现面向对象编程，为大型程序的开发提供了便利。

（6）可扩展性和丰富的第三方库

Python 可以运行 C/C++编写的程序，以便某段关键代码可以运行得更快或者达到不公开某些算法的目的。用户也可以把 Python 程序嵌入到 C/C++程序中，使其具有良好的可扩展性。

Python 还有功能强大的开发库。Python 标准库可以处理各种工作，如正则表达式、文档生成、单元测试、线程、数据库、HTML、WAV 文件、密码系统、图形用户界面（GUI）和其他与系统有关的操作。除了这些标准库，它还有大量高质量的第三方库，如 wxPython、Twisted 和 Python 图像库等。

1.1.5　Python 的应用

Python 的应用覆盖了科学运算、云计算、系统运维、GUI 编程、Web 开发等诸多领域。

（1）科学运算

Python 广泛应用于人工智能与深度学习领域，相关的典型第三方库包括 NumPy、SciPy、

Matplotlib 等。众多程序库的开发使 Python 越来越适合进行科学计算、绘制高质量的 2D 和 3D 图像，例如 NASA 经常使用 Python 进行数据分析和运算。

（2）云计算

Python 是云计算方面应用最广泛的语言，其典型应用 OpenStack 是一个开源的云计算管理平台项目。

（3）系统运维

Python 是运维人员必备的语言。Python 标准库包含多个调用操作系统功能的库。通过第三方软件包 pywin32，Python 能够访问 Windows API；使用 IronPython，Python 能够直接调用 Net Framework。一般而言，使用 Python 编写的系统管理脚本在可读性、性能、代码重用度、扩展性等方面都优于普通的 Shell 脚本。

（4）GUI 编程

Python 可以非常简单、快捷地实现 GUI 程序。Python 内置了 Tkinter 的标准面向对象接口 Tk GUI API，可以非常方便地开发图形应用程序，还可以使用其他一些扩展包（如 wxPython、PyQt、Dabo 等）在 Python 中创建 GUI 应用。

（5）Web 开发

Python 包含标准的 Internet 模块，可用于实现网络通信及应用。Python 的第三方框架包括 Django、web2py、Zope 等，可以方便程序员快速地开发 Web 应用程序。Google 爬虫、Google 广告、YouTube、豆瓣、知乎等典型的 Web 应用都是使用 Python 开发的。

课堂练习

（1）Python 语言的作者是谁？
（2）查阅相关资料或网站，了解 Python 在计算机语言中的地位。
（3）说明 Python 作为解释执行语言的特点。

任务 1.2　掌握 Python 的开发环境

【任务描述】
只有搭建好 Python 环境，才能编写和运行 Python 程序。
本节任务是从 Python 官网下载安装程序，搭建 Python 开发环境，在 IDLE 环境下建立第一个 Python 程序，输出"Hello, Python!"。

1.2.1　下载和安装 Python

Python 是一个轻量级的软件，用户可以在其官网下载安装程序（用户打开的下载界面和看到的软件可下载版本可能与本书不同，但下载与安装的方法类似）。

在官网下载 Python 安装程序的界面如图 1-1 所示，本书是在 Windows 10 操作系统中下载 Python 3.10.8 版本的安装程序，用户也可以下载 Linux、iOS、Android 等操作系统的 Python 安装程序，或选择其他的 Python 版本。

图 1-1　Python 安装程序的官网下载界面

双击下载的 Python 安装程序 python-3.10.8-amd64.exe，安装向导将启动，用户按提示操作即可。需要注意的是，在图 1-2 所示的安装界面中，需要选中 "Add python.exe to PATH" 复选框，这样可以将 Python 的可执行文件路径添加到 Windows 操作系统的环境变量 PATH 中，更方便在之后的开发中启动各种 Python 工具。

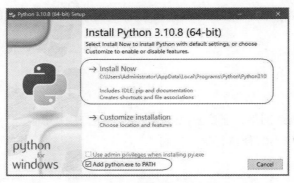

图 1-2　安装界面

Python 安装成功的界面如图 1-3 所示，Windows 操作系统的 "开始" 菜单中显示图 1-4 所示的 Python 命令。

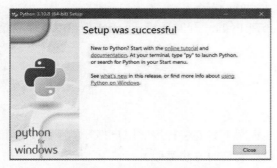

图 1-3　Python 安装成功的界面

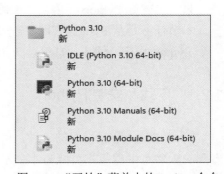

图 1-4　"开始" 菜单中的 Python 命令

Python 命令的具体含义如下。

- IDLE (Python 3.10 64-bit)：启动 Python 内置的集成开发环境 IDLE。
- Python 3.10 (64-bit)：以命令行的方式启动 Python 的解释器。
- Python 3.10 Manuals (64-bit)：打开 Python 的帮助文档。
- Python 3.10 Module Docs (64-bit)：以内置服务器的方式打开 Python 模块的帮助文档。

用户在学习 Python 的过程中，通常使用的是 Python 内置的集成开发环境 IDLE。

在 Windows 10 操作系统中，Python 默认的安装路径是 C:\Users\Administrator\AppData\Local\Programs\Python\Python310，如果用户想要重新定义 Python 解释器的安装路径，可以在图 1-2 所示的界面中选中 "Customize installation" 选项，并根据需要选择安装的 Python 部件。

1.2.2　Python 的 IDLE 集成开发环境

Python 是一种脚本语言，开发 Python 程序首先要在文本编辑工具中书写 Python 程序，然后由 Python 解释器执行。用户使用的文本编辑工具可以是记事本、Notepad+、Editplus 等。Python 开发包自带的编辑器 IDLE 是一个集成开发环境（IDE），其启动文件是 idle.bat，位于安装目录的 Lib\idlelib 文件夹下。用户在 "开始" 菜单中选择 "Python 3.10" → "IDLE(Python 3.10 64-bit)"，即可打开 IDLE 窗口，如图 1-5 所示。

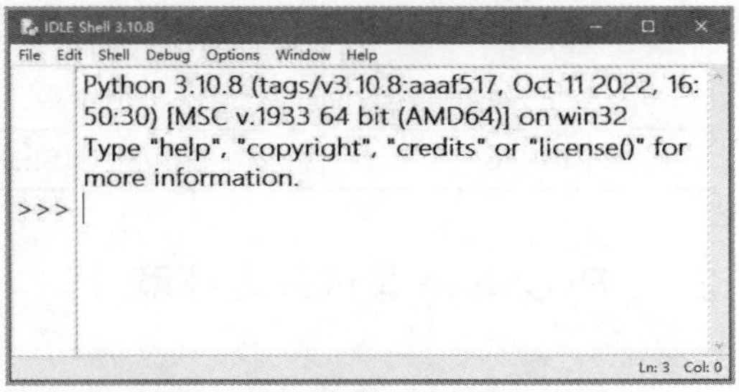

图 1-5　IDLE 窗口

在 IDLE 环境下，编写和运行 Python 程序（也称 Python 脚本）的主要操作如下。

（1）新建 Python 程序

在 IDLE 窗口中依次选择 "File" → "New File"，或按 Ctrl+N 组合键，即可新建 Python 程序。窗口的标题栏会显示程序名称，初始的文件名为 untitled，表示 Python 程序还没有命名。

（2）保存 Python 程序

在 IDLE 窗口中依次选择 "File" → "Save"，或按 Ctrl+S 组合键，即可保存 Python 程序。如果是第一次保存，会弹出保存文件的 "另存为" 对话框，要求用户输入要保存的文件名。

（3）打开 Python 程序

在 IDLE 窗口中依次选择 "File" → "Open"，或按 Ctrl+O 组合键，即会弹出 "打开文件" 对话框，要求用户选择要打开的 Python 程序。

（4）运行 Python 程序

在 IDLE 窗口中依次选择 "Run" → "Run Module"，或按快捷键 F5，即可运行当前的 Python 程序。

如果程序中存在语法错误，则会弹出提示框 "invalid syntax"，并且会有一个浅红色方块定位在错误处。

（5）语法高亮

IDLE 支持 Python 的语法高亮显示，即 IDLE 能够以彩色标识出 Python 语言的关键字，提醒开发人员该词的特殊作用。例如，注释以红色显示，关键字以紫色显示，字符串以绿色显示。

（6）常用快捷键

使用 IDLE 的快捷键能显著提高代码书写速度。除了撤销、全选、复制、粘贴、剪切等常规快捷键外，IDLE 的常用快捷键及其功能见表 1-1。

表 1-1　IDLE 的常用快捷键及其功能

快捷键	功能说明
Ctrl + [	缩进代码
Ctrl +]	取消缩进代码
Alt+3	注释代码行
Alt+4	取消注释代码行
Alt+/	单词自动补齐
Alt+P	浏览历史命令（上一条）
Alt+N	浏览历史命令（下一条）
F1	打开 Python 帮助文档
F5	运行程序
Ctrl+F6	重启 Shell，之前定义的对象和导入的模块全部清除

1.2.3　PyCharm 集成开发环境

IDLE 是 Python 开发包自带的集成开发环境，其功能相对简单；而 PyCharm 则是 JetBrains 公司开发的专业级的 Python IDE，具有典型 IDE 的多种功能，比如程序调试、语法高亮、项目管理、代码跳转、智能提示、自动完成、单元测试、版本控制等。

1. PyCharm 的下载和安装

访问 PyCharm 的官方网址，进入 PyCharm 的下载界面，如图 1-6 所示（软件版本与下载界面不断更新，用户打开的下载界面和软件可下载版本可能与本书不同，但下载与安装的方法类似）。

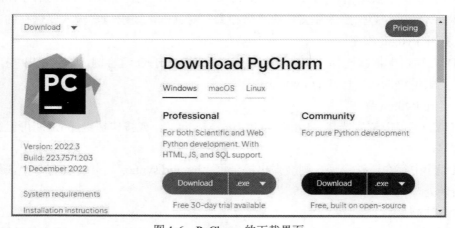

图 1-6　PyCharm 的下载界面

用户可以根据自己的操作系统下载不同版本的 PyCharm。

PyCharm Professional 是需要付费的版本，它提供 Python IDE 的所有功能，除了支持 Web 开发，支持 Django、Flask、Google App 引擎、Pyramid 和 web2py 等框架，还支持远程开发、Python 分析器、数据库和结构化查询语言（SQL）语句等。

PyCharm Community 是轻量级的 Python IDE，是免费和开源的版本，但它只支持 Python 开发，适合初学者使用。如果是开发 Python 的应用项目，则需要使用 PyCharm Professional 提供更为丰富的功能。

安装 PyCharm 的过程十分简单，用户只要按照安装向导的提示逐步操作即可，图 1-7 所示的是安装过程中选择安装路径的界面。

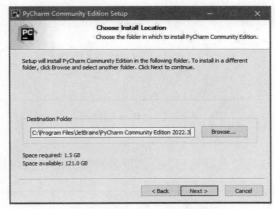

图 1-7　选择 PyCharm 的安装路径

安装完成的界面如图 1-8 所示。

图 1-8　安装完成的界面

2. 新建 Python 项目和文件

第一次启动 PyCharm 会显示若干初始化的提示信息，保持默认值即可。之后就进入新建 Python 项目的界面。如果不是第一次启动 PyCharm，并且以前创建过 Python 项目，则以前创建的 Python 项目会出现在图 1-9 所示的窗口中。窗口右上角包括 3 个选项，含义分别是"新建项目""打开项目""从版本控制中检测项目"。

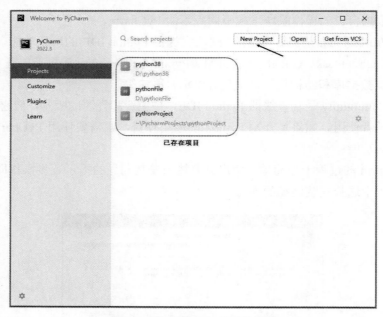

图 1-9　新建 Python 项目的界面

（1）新建项目

选择"New Project"选项新建项目后，会出现选择项目的存放路径界面，如图 1-10 所示。

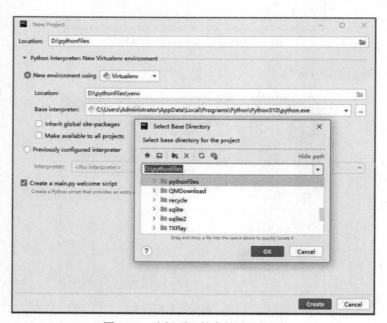

图 1-10　选择项目的存放路径界面

（2）新建文件

新建项目完成后，如果要在项目中新建 Python 文件，可右击项目名称，在弹出的快捷菜单中选择"New"→"Python File"，如图 1-11 所示，并弹出"New Python File"对话框。

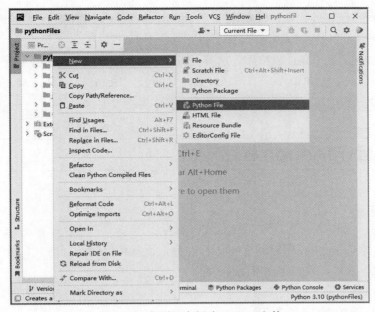

图 1-11　在项目中新建 Python 文件

（3）保存和运行文件

在程序编辑窗口输入代码后，选择"File"→"Save"可以保存文件。图 1-12 所示为一个完整的程序，使用"Run"菜单中的选项可以调试和运行程序。

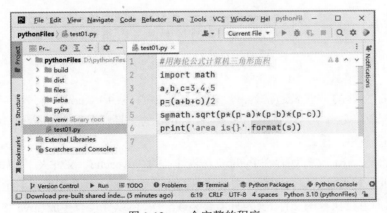

图 1-12　一个完整的程序

1.2.4　任务的实现

本小节任务是下载并安装 Python，然后创建 Python 程序，要点如下。

（1）根据当前操作系统，下载相应的 Python 安装程序，需要注意下载 32 位还是 64 位的安装程序。

（2）对于初学者，建议下载稳定版本的 Python 安装程序，不一定是最新版的 Python 安装程序。

（3）在 Python 安装过程中，注意选中"Add python.exe to PATH"复选框，将 Python 的可执行文件路径添加到 Windows 操作系统的环境变量 PATH 中。

（4）启动 IDLE，在 IDLE 窗口中，选择"File"→"New File"，打开一个程序编辑窗口，在其中输入以下代码，创建第 1 个 Python 程序，并通过"Run"→"Run Module"运行程序。

```
print("Hello, Python!")
```

任务 1.3　运行 Python 程序

【任务描述】

Python 程序可以在交互方式或文件方式下运行。

本节任务是掌握 Python 程序编写和运行过程，了解程序的运行方式，分别在 IDLE 交互方式和文件方式下计算圆的周长和面积。

1.3.1　Python 程序的运行过程

Python 是一种脚本语言，用 Python 编辑完成的源程序也称源代码，可以直接运行。从计算机的角度看，Python 程序的运行过程包含两个步骤：首先 Python 解释器将源代码翻译成字节码（即中间码），然后 Python 虚拟机解释执行字节码，如图 1-13 所示。

图 1-13　Python 程序的运行过程

Python 程序文件的扩展名通常为.py。Python 程序首先由 Python 解释器将.py 文件中的源代码翻译成字节码，这个字节码是一个扩展名为.pyc 的文件；再由 Python 虚拟机逐条将字节码翻译成机器指令并执行。

需要说明的是，.pyc 文件保存在 Python 安装目录的__pycache__文件夹下，如果 Python 无法在用户的计算机上写入字节码，那么字节码将只在内存中生成，并在程序结束运行时自动丢弃。

主文件（用户直接执行的文件）因为只需要装载一次，所以并没有生成 .pyc 文件。使用 import 语句导入 Python 源文件时，会生成 .pyc 文件，并且在__pycache__文件夹下可以看到该 .pyc 文件。

.pyc 文件可以重复使用，提高了执行效率。

1.3.2　Python 程序的运行方式

Python 程序是由若干行代码组成的，用于实现一定的功能。

运行 Python 程序有两种方式：交互方式和文件方式。交互方式指 Python 解释器即时响应并运行用户的代码，如果有输出，则显示结果。文件方式即编程方式，用户将 Python 代码写在程序文件中，然后启动 Python 解释器批量运行文件中的代码。交互方式一般用于调试少量代码，文件方式则是最常用的编程方式。

多数编写代码的程序只有文件运行方式，Python 程序的交互方式让代码更易学、易理解。下面在 Python 环境下，以求一组数据中的最大值和最小值为例来说明交互方式和文件方式运行程序的方法。

1．Python 交互方式

在 Windows 操作系统的"开始"菜单中选择"Python 3.10"→"Python 3.10(64-bit)"，启动 Python 交互方式。逐行输入代码，每输入一条语句并换行后，Python 解释器就直接交互运行，如图 1-14 所示。

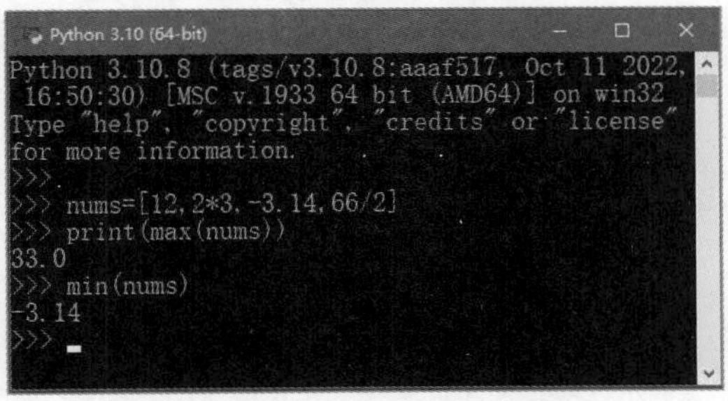

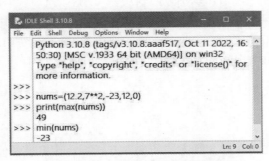

图 1-14　在 Python 交互方式下运行代码

每行代码均以回车键结束，之后立即运行。如果代码是打印命令，则显示输出结果。

在>>>提示符后，输入 exit()命令或者 quit()命令可以退出 Python 的运行环境。

2．IDLE 交互方式

在 Windows 操作系统的"开始"菜单中选择"Python 3.10"→"IDLE(Python 3.10 64-bit)"，即可启动 IDLE 交互方式。输入代码求一组数据中的最大值和最小值，每输入一条语句后，Python 解释器就直接交互运行，如图 1-15 所示。

图 1-15　在 IDLE 交互方式下运行代码

图 1-14 和图 1-15 中的数据分别用中括号［］和小括号（）标记，表示列表和元组两种组合数据类型，数据类型我们将在后续章节中详细介绍；代码中的*、/、**分别表示计算机程序设计语言中的乘号、除号和乘方。

无论是 Python 交互方式还是 IDLE 交互方式，只要输入表达式后按回车键，就会返回（显示）表达式的值，并不需要使用 print()命令，这种输出方式可以称为"回显"（echo）。使用 print()函数可以控制输出格式。

比较 Python 交互方式和 IDLE 交互方式可以看出，虽然代码运行的过程相似，但 IDLE 交互方式提供了更多快捷的操作方式，比 Python 交互方式使用起来更加方便。

3. 文件方式

在 Windows 操作系统的"开始"菜单中选择"Python 3.10"→"IDLE(Python 3.10 64-bit)"，启动 IDLE，可打开图 1-15 所示的 IDLE 窗口。

在 IDLE 窗口中选择"File"→"New File"，或按组合键 Ctrl+N，打开一个程序编辑窗口，即可在其中输入程序代码，如图 1-16 所示。

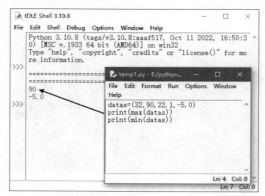

图 1-16　在程序编辑窗口中编写并运行程序

这个程序编辑窗口是 IDLE 的集成开发环境，区别于图 1-15 所示的 IDLE 交互窗口。IDLE 有 Python 语法高亮辅助的编辑器，可以进行代码的编辑。在程序编辑窗口中输入 Python 代码后，可将程序保存为以 .py 为扩展名的文件，如 pro1.py。按快捷键 F5 或在菜单栏中选择"Run"→"Run Module"，IDLE 窗口将显示当前程序的运行结果。如果程序出现错误，将给出错误的提示，用户修改程序后可以继续调试运行。

交互方式适合初学者学习语句或函数时使用，每输入一行代码即可看到运行结果，既简单又直观，但代码无法保存。文件方式适合书写多行代码，适用于用户编写程序解决问题的环境，在实际应用中使用得比较多。另外，在 Windows 操作系统中，双击 Python 程序文件也可以运行程序，但这种方式在实际中较少使用。

1.3.3　任务的实现

本小节任务是分别在 IDLE 交互方式和文件方式下，计算半径值为 2.6 的圆的周长和面积，要点如下。

（1）启动 IDLE 交互方式，在提示符下输入以下代码计算圆的周长和面积，按回车键运行。

```
>>>print(2*3.14*2.6)
>>>print(3.14*2.6*2.6)
```

（2）在 IDLE 窗口中，选择"File"→"New File"，打开程序编辑窗口，在窗口中输入上述代码，保存后运行。

本小节任务只是了解程序的新建和运行过程，其中，计算圆周长、圆面积的公式是这个任务的计算方法。在程序编写过程中，计算方法是程序的核心。

课堂练习

（1）打开 Windows 资源管理器，查找 1.3.3 节任务中 Python 文件的保存路径。

（2）将计算圆的周长和面积的程序保存在 D 盘的 Python 文件夹（如果文件夹不存在，可以自行建立），然后运行程序。

（3）编写代码计算半径值为 3.2 的球的体积。

任务 1.4　Python 程序设计方法与示例

【任务描述】

程序设计的典型模式是 IPO 模式，即程序由输入（Input）、处理（Process）、输出（Output）3 部分组成。

参考本节示例，完成一个计算存款收益的程序。计算方法是：amount×(1+rate)^n。其中，amount 是存款金额；n 为存款年限，是程序的输入部分；rate 是默认利率 5.2%。

1.4.1　程序设计方法

程序是完成一定功能的指令的集合，用于解决特定的计算问题。按照软件工程的思想，程序设计可以分为分析、设计、实现、测试、运行等阶段。结构化程序设计是一种典型的程序设计方法，是程序设计的基础思想，它把一个复杂程序逐级分解成若干个相互独立的程序，然后对每个程序进行设计与实现。

程序在具体实现上遵循了一定的模式，典型的程序设计模式是 IPO 模式，也就是程序由输入、处理、输出 3 部分组成。输入是程序设计的起点，有文件输入、网络输入、交互输入、参数输入等多种方式。处理是程序的核心，它包括数据处理与赋值，其中最重要的是算法。例如，给定两点的坐标，求两点的距离，这需要一个公式，这个公式就是一个算法；再如，求三角形面积的公式也是一个算法。更多的算法则需要用户设计，例如，从一组数据中查找某一个数据的位置，这需要根据数据的特点，由用户设计算法。输出是程序展示运算成果的方式，有文件输出、网络输出、控制台输出、图表输出等多种方式。

除了 IPO 模式，程序中应当有足够的注释，以加强程序的可读性；程序还需要通过调试来得到进一步完善，这些都是编程中不可缺少的环节。

可以看出，使用计算机编程解决计算问题包括几个重要步骤：分析问题、设计算法、编写程序、调试运行。其中，与程序设计语言和具体语法有关的步骤是编写程序及调试运行。在解决具体问题的过程中，编写程序只是其中的一个环节。在此之前，分析问题、设计算法都是重要的步骤，只有经过这些步骤，一个具体问题才能在设计方案中得以解决，这两个步骤可以看作是方案的创造过程。编写程序和调试运行则是计算机对解决方案的实现，属于技术实现过程。

1.4.2 程序示例

下面给出 9 个简单的 Python 程序，以方便读者了解 Python 的基本知识点，具体见例 1-1～例 1-9。这些程序涉及在 IDLE 交互方式下运行、变量的赋值、程序的分支与循环、函数等内容。

读者可以通过查阅文档学习这些程序，也可以忽略这些程序的具体语法含义，大致读懂程序思路即可。了解这些程序有助于提高读者学习后续章节的效率。

例 1-1　根据圆的半径计算圆的面积和周长

```
1   # code0101.py 计算圆的面积和周长
2   r = 5.4
3   area = 3.14 * r * r
4   perimeter = 2 * 3.14 * r
5   print("圆的面积:{:.2f},周长:{:.2f}".format(area, perimeter))
```

例 1-1 的知识点主要集中在第 2 章。

第 1 行是注释，用来说明程序的名字和功能。注释语句不运行，可以在注释中描述代码功能。

第 2 行是赋值语句，将值 5.4 赋给一个变量 r，r 表示半径。

第 3 行和第 4 行用公式 $\pi \times r \times r$ 和 $2 \times \pi \times r$ 计算圆的面积和周长。这两行是程序的核心，是程序的算法实现部分。

第 5 行使用了 print()函数，是打印语句，输出"圆的面积：91.56，周长：33.91"。

按程序设计的 IPO 模式来看，该段代码没有明显的输入语句，而是采用了赋值输入的形式，处理（或算法）是计算圆面积和周长的公式，输出是一条打印语句。具体的语法细节将在相关章节中讲解。

例 1-2　在 IDLE 交互方式下，根据圆的半径计算圆的面积和周长

```
>>> r = 3.2
>>> area = 3.14 * r * r
>>> print("圆的面积:{:.2f}".format(area))
# 输出结果
>>> perimeter = 2 * 3.14 * r
>>> print("圆的半径:{:.2f}, 周长:{:.2f}".format(r, perimeter))
# 输出结果
```

上述代码中，"#输出结果"为注释，运行时可以查看实际的输出。可以看出，每行语句按回车键后立即执行。

例 1-3　输入三角形的 3 条边长，用海伦公式计算三角形的面积

```
1   # 输入三角形的 3 条边长，用海伦公式计算三角形的面积 s
2   import math
3   a = eval(input("请输入 a 边长: "))
4   b = eval(input("请输入 b 边长: "))
5   c = eval(input("请输入 c 边长: "))
```

```
6    p = (a + b + c) / 2
7    s = math.sqrt(p * (p - a) * (p - b) * (p - c))
8    print("三角形的面积是{:.2f}".format(s))
```

例 1-3 的知识点主要集中在第 3 章和第 7 章。

第 2 行导入 math 模块。导入 math 模块后，可以使用第 7 行的 math.sqrt()函数，即计算平方根。

第 3 行至第 5 行使用 input()函数接收用户的键盘输入，并使用 eval()函数将输入的数据转换为数值类型，从而可以参与数学运算。

第 6 行是计算赋值语句，计算 3 条边长的和，再除以 2，结果赋给变量 *p*。

第 7 行是程序的核心，用海伦公式计算三角形的面积，并赋给变量 *s*。

第 8 行是打印语句，输出程序的运行结果。

在例 1-3 中，如果输入的数据不是数值，如输入 a11、ab 等形式，则运行时会产生错误。为了避免这种情况发生，例 1-4 加以改进，进行了异常处理。读者如果无法读懂该程序，可以在学习完异常处理后再来调试运行。

例 1-4　用海伦公式计算三角形的面积，并对输入数据进行异常处理

```
1    '''
2    输入三角形的 3 条边长，用海伦公式计算三角形的面积 s
3    对 3 条边长进行了异常处理
4    '''
5    import math
6    try:
7        a = eval(input("请输入 a 边长: "))
8        b = eval(input("请输入 b 边长: "))
9        c = eval(input("请输入 c 边长: "))
10       p = (a + b + c) / 2
11       s = math.sqrt(p * (p - a) * (p - b) * (p - c))
12       print("三角形的面积是{:.2f}".format(s))
13   except NameError:
14       print("请输入正数")
```

第 1 行～第 4 行是注释的另一种形式，是多行注释。

例 1-4 和例 1-3 比较，增加了 **try…except** 结构，程序进行了异常处理，该部分内容主要在第 10 章。当我们输入的数据不符合要求时，系统会给出提示"请输入正数"，程序运行结果如下。

```
>>>
请输入 a 边长: 8
请输入 b 边长: e4
请输入正数
>>>
```

例 1-5 对输入的数据（三角形的 3 条边长）是否构成三角形进行了判断。

例 1-5　判断 3 条边长是否构成三角形并计算面积

```
1    '''
2    输入三角形的 3 条边长，用海伦公式计算三角形面积 s
3    在对 3 条边长进行异常处理的基础上，判断 3 条边长是否符合构成三角形的条件
```

```
4      '''
5      import math
6      try:
7          a = eval(input("请输入 a 边长："))
8          b = eval(input("请输入 b 边长："))
9          c = eval(input("请输入 c 边长："))
10     except NameError:
11         print("请输入正数")
12     if a<0 or b<0 or c<0:
13         print("输入数据不可以为负数")
14     elif a+b<=c or a+c<=b or b+c<=a:
15         print("不符合两边之和大于第三边原则")
16     else:
17         p = (a + b + c) / 2
18         s = math.sqrt(p * (p - a) * (p - b) * (p - c))
19         print("三角形的面积是{:.2f}".format(s))
```

在例 1-5 中，用分支语句进行判断的知识点在第 4 章，异常处理的知识点在第 10 章。程序运行结果如下。

```
>>>
请输入 a 边长：1
请输入 b 边长：2
请输入 c 边长：3
不符合两边之和大于第三边原则
>>>
```

例 1-6　计算用列表保存的一组数据的平均值

```
1    lst = [89,5,-34,23.1]
2    total = sum(lst)
3    number = len(lst)
4    print("列表 lst 的平均值是", total/number)
```

例 1-7　统计用列表保存的一组成绩中的最高分和不及格人数

```
1    lst = [89,45,23.1,98,33]
2    # notpass 为不及格人数，maxscore 为最高分
3    notpass = maxscore = 0
4    for item in lst:
5        if maxscore<item:
6            maxscore = item
7        if item<60:
8            notpass+=1
9    print("最高分是{}，不及格人数是{}".format(maxscore, notpass))
```

例 1-6 和例 1-7 关于列表的知识点主要在第 5 章，遍历列表实现数据统计，也可以使用列表完成一些简单的计算功能。

例 1-8　用函数式统计列表中的最高分和不及格人数

```
lst = [89,45,23.1,98,33]
maxscore = max(lst)                      # 最高分
lst2 = filter(lambda x:x<60, lst)        # 不及格数据的序列
notpass = len(list(lst2))                # 不及格人数
```

```
print("最高分是{}，不及格人数是{}".format(maxscore, notpass))
```

例 1-9　统计文本文件中的数据

```
1    file = open("number.txt", 'r')
2    s1 = file.read()
3    file.close()
4    lst = s1.split(',')
5    lst2 = []
6    for item in lst:
7        lst2.append(eval(item))
8    # print(lst2)
9    # notpass 为不及格人数，maxscore 为最高分
10   notpass = maxscore = 0
11   for item in lst2:
12       if maxscore<item:
13           maxscore = item
14       if item<60:
15           notpass+=1
16   print("最高分是{}，不及格人数是{}".format(maxscore, notpass))
```

文本文件 number.txt 中保存了一组用逗号分隔的数据，例 1-9 统计该文件中的最高分和不及格人数。其中，文本文件 number.txt 的内容是"55.5,63,82,43,96,54,23,54,90"。

例 1-9 的知识点主要集中在第 9 章。第 1 行至第 3 行的功能是读取文件内容；第 4 行至第 7 行的功能是拆分字符串和解析字符串内容（转换为数字）；第 10 行至第 15 行完成数据统计功能；最后打印输出。

1.4.3　Python 的帮助文档

我们在读程序的过程中，不可避免地会遇到一些问题，这些问题可以通过阅读 Python 的帮助文档解决。Python 的帮助文档提供了语言及标准模块的详细参考信息，是学习和使用 Python 的重要工具。

在 IDLE 窗口中，选择"Help"→"Python Docs"或按 F1 键，可以启动 Python 文档，界面如图 1-17 所示。

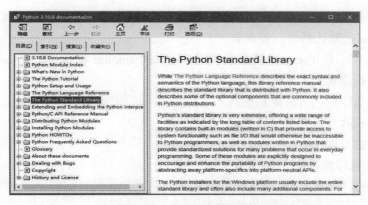

图 1-17　Python 文档界面

查找 math 模块中的函数可以参考图 1-18，也可以通过关键词进行查找。

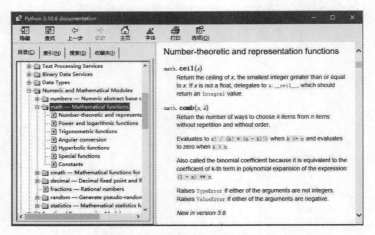

图 1-18　查找 math 模块中的函数

除了 Python 内置的帮助文档外，菜鸟教程中的 Python 文档也提供了许多帮助信息，适合初学者学习参考，如图 1-19 所示。

图 1-19　菜鸟教程首页

1.4.4　任务的实现

本小节任务是计算存款收益，方法是 $amount \times (1+rate)^n$。其中，amount 是存款金额，n 为存款年限，rate 是默认利率，要点如下。

（1）参考例 1-3，使用 input()函数接收用户输入的 amount 和 n，再使用 eval()函数将输入的字符串形式的数据转换为数值。

（2）使用赋值语句为 rate 赋初值。

（3）计算存款收益保存到变量 total 中并打印。

计算存款收益见例 1-10。

例 1-10　计算存款收益

```
amount=eval(input("请输入存款金额："))
n=eval(input("请输入存款年限："))
```

```
rate=0.052
total= amount *(1+rate)**n
print("存款收益为：",total)
```

实　　训

实训 1　在 PyCharm 环境下求圆柱体表面积

【训练要点】

（1）安装 PyCharm。

（2）学习使用赋值语句、input()函数和 print()函数。

（3）比较作为集成开发环境的 PyCharm 与 IDLE 的不同。

【需求说明】

（1）底面半径 r，圆柱体高 h 使用 input()函数输入。

（2）计算圆柱体表面积的公式：$S = 2\pi r^2 + 2\pi rh$。

（3）输出圆柱体表面积。

【实现要点】

（1）安装 PyCharm，并在 PyCharm 环境下新建项目和 Python 文件。

（2）编写程序，在 PyCharm 环境下调试运行。在程序中，圆周率 π 取 3.14。

【代码实现】

```
r = eval(input("请输入圆柱体半径 r:"))
h = eval(input("请输入圆柱体高 h:"))
topAndbottom = 3.14 * r * r * 2
aside = 2 * 3.14 * r * h
print("圆柱体表面积是：", topAndbottom+aside)
```

实训 2　根据三角形的两条边长及其夹角计算第三条边长

【训练要点】

（1）在 Python 帮助文档中查询 math.sqrt()、math.cos()等函数的使用方法。

（2）在 IDLE 或 PyCharm 环境下编写和运行 Python 程序。

【需求说明】

（1）三角形的两条边长 a、b 和夹角 θ 使用 input()函数输入。

（2）输出三角形第三条边长。

【实现要点】

（1）使用 input()函数和 eval()函数得到三角形的两条边长 a、b 和夹角 θ 的值。

（2）使用 import 语句导入 math 模块。

（3）使用 math.sqrt() 函数计算平方根，math.cos() 函数计算余弦值，math.pi/180 计算夹角 θ 的弧度值。

（4）输出第三条边长。

【代码实现】

```python
import math
a = eval(input("请输入 a 边长:"))
b = eval(input("请输入 b 边长:"))
theta = eval(input("两边夹角θ:"))
c = math.sqrt(a**2+b**2-2*a*b*math.cos(theta*math.pi/180))
print(c)
```

小　结

本章介绍了计算机语言的概念，机器语言、汇编语言、高级语言的区别。Python 有 Python 2.x 和 Python 3.x 两个系列版本，且它们互不兼容。Python 的应用覆盖了科学运算、云计算、系统运维、GUI 编程、Web 开发等诸多领域。

Python 安装程序可以在 Python 的官网下载。Python 内置集成开发工具是 IDLE，PyCharm 是由 JetBrains 公司开发的一款专业级的 Python IDE，具有程序调试、语法高亮、智能提示等功能。

Python 代码源文件的扩展名为.py。Python 程序首先由 Python 解释器将.py 文件中的源代码翻译成字节码，再由 Python 虚拟机逐条将字节码翻译成机器指令并执行。

典型的程序设计模式是 IPO 模式，即程序包括输入、处理、输出 3 部分。本章还介绍了一些程序示例。

课后习题

1．简答题

（1）程序的编译执行方式和解释执行方式有什么区别？

（2）在 Windows 10 操作系统下，Python 默认的安装路径是什么？

（3）说明 Python 程序的运行过程。

（4）请列举 5 个 IDLE 常用的快捷键并说明其功能。

（5）简述程序设计 IPO 模式的特点。

2．选择题

（1）Python 语言属于以下哪种语言？（　　　）

A．机器语言　　　　B．汇编语言　　　　C．高级语言　　　　D．以上都不是

（2）下列**不属于** Python 特性的是哪一项？（　　　）

A．简单、易学　　　　　　　　　B．开源的、免费的

C．属于低级语言　　　　　　　　D．具有高可移植性

（3）下列计算机语言中，**不属于解释型语言的**是哪一项？（　　　）

A．Python　　　　B．JavaScript　　　　C．C++　　　　D．HTML

（4）Python **不适合**应用在以下哪个领域？（　　）

A．科学运算　　　　　B．系统运维　　　C．网站设计　　　　　D．数据库编程

（5）下列关于 Python 版本的说法中，正确的是哪一项？（　　）

A．目前 Python 3.x 版本兼容 Python 2.x 版本

B．Python 2.x 版本需要升级到 Python 3.x 版本才能使用

C．目前 Python 2.x 版本还会发布新版本

D．Python 2.x 和 Python 3.x 是两个不兼容的系列版本

（6）Python 脚本文件的扩展名是哪一项？（　　）

A．.pyc　　　　　　　B．.py　　　　　　C．.pt　　　　　　　D．.pyw

（7）Python 内置的集成开发环境是哪一项？（　　）

A．PyCharm　　　　　B．Pydev　　　　　C．IDLE　　　　　　D．pip

（8）以下关于 Python 语言的描述中，**不正确**的是哪一项？（　　）

A．Python 语言编写的程序比大部分编程语言编写的程序更为简洁

B．Python 语言是用于系统编程和 Web 开发的语言

C．Python 语言是解释执行的语言，执行速度比编译型语言慢

D．Python 程序要实现更高的执行速度，例如数值计算或动画，可以调用 C 语言编写的
代码

（9）以下关于计算机语言的描述中，**不正确**的是哪一项？（　　）

A．解释是将源代码逐条转换成目标代码并同时逐条运行目标代码的过程

B．C 语言是静态编译语言，Python 语言是脚本语言

C．编译是将源代码转换成目标代码的过程

D．静态语言采用解释方式执行，脚本语言采用编译方式执行

（10）以下关于在操作系统中部署 Python 环境、运行 Python 程序的描述中，**不正确**的是
哪一项？（　　）

A．不同的操作系统均可以　　　　　　B．Linux 操作系统可以

C．macOS 操作系统不可以　　　　　　D．Windows 操作系统可以

3．编程题

（1）参考例 1-3，输入三角形的边长和高，计算并输出三角形的面积。

（2）参考例 1-6，在列表中给出若干字符串，计算并输出最长的字符串。

（3）查阅 Python 的帮助文档，在"Numeric and Mathematical Modules"模块中查找相关
函数，试使用这些函数计算一组数中的最大值和最小值。

第2章 Python 的基础语法

用计算机语言书写的程序称为源程序，也叫源代码。书写程序时要注意语句的格式和语法约束，还涉及关键字、运算符、表达式等。本章将讲解如何书写 Python 程序，学习 Python 的数据类型、变量及运算符等内容。

✧ **学习目标**

（1）熟悉 Python 程序的书写规范。
（2）掌握 Python 的数据类型。
（3）了解 Python 变量的含义及应用。
（4）掌握 Python 的运算符及其优先级。

✧ **知识结构**

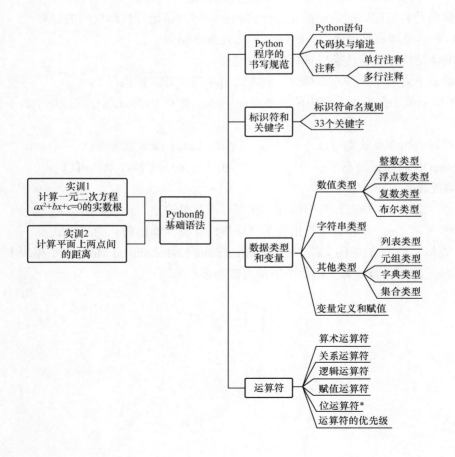

任务 2.1　掌握 Python 程序的书写规范

【任务描述】

Python 程序的书写规范主要体现在语句格式、代码块与缩进、注释等方面。

本节完成一个计算圆柱体底面积和体积的程序，要求掌握语句格式、缩进、注释等语法规范。

2.1.1　Python 语句

Python 通常是一行书写一条语句，如果一行内书写多条语句，语句间应使用分号分隔。建议每行只写一条语句，并且语句结束时不写分号。

如果一条语句过长，可能需要换行书写，这时可以在语句的外部加上一对小括号来实现，也可以使用"\"（反斜杠）来实现分行书写功能。

与写在小括号中的语句类似，写在[]、{}内的跨行语句也被视为一条语句，不再使用小括号将语句括起来。

例 2-1 是在 IDLE 交互方式下书写的。用单引号和双引号引起来的都是字符串，语句前后的空格是在 IDLE 环境中换行自动产生的，可以删除。

例 2-1　Python 语句的分行书写

```
str1 = "中国式现代化，是中国共产党领导的社会主义现代化，\
既有各国现代化的共同特征，
更有基于自己国情的中国特色。"                    # 分行的一种写法，用\续行，续行后回车

str2 = ("中国式现代化，是中国共产党领导的社会主义现代化，"
"既有各国现代化的共同特征，"
"更有基于自己国情的中国特色。")                  # 分行的另一种写法

keywords = ["confidence", "strength", "development", "modernization", "country",
"people", "culture"]                          # 在[]内的代码是一条语句，可以分行
```

2.1.2　代码块与缩进

代码块也称复合语句，由多行代码组成，描述相对复杂的定义或计算。Python 中的代码块使用缩进来表示，缩进是指代码行前预留若干个空格。其他计算机语言，如 C 语言、Java 语言等使用大括号 { } 表示代码块。

Python 代码行缩进的空格数在程序编辑环境中是可调整的，但要求同一个代码块的语句必须包含相同的缩进空格数。

例 2-2 的功能是实现程序的分支执行，注意观察其中的缩进和代码块。分支结构将在第 4 章介绍。

例 2-2　Python 语句的缩进和代码块

```
1   # 分支语句中代码块的缩进
2   score = 54
3   mypass = 60
4   if score>mypass:
5       gpoint = 1+(score-mypass)/10
6       print("学分绩点为", gpoint)
7       print("通过考试")
8   else:
9       print("学分绩点为 0")
10      print("未通过考试")
```

在例 2-2 中，if 语句后缩进的 3 行构成一个代码块，else 语句后缩进的 2 行也构成一个代码块。如果同一个代码块中各语句前的空格数不一致，运行时将会报告出错信息。

关于代码的缩进，需要注意以下两点。

- Python 代码行缩进的空格数可以调整，建议读者使用 4 个空格宽度的行首缩进。
- 不同文本编辑器中的制表符（Tab 键）表示的空格宽度是不同的，如果读者书写的代码要跨平台使用，建议不使用制表符。

2.1.3　注释

注释用于说明程序或语句的功能。Python 的注释分为单行注释和多行注释两种。**单行注释**以 "#" 开头，可以是独立的一行，也可以附在语句的后部。**多行注释**可以使用 3 个引号（英文的单引号或双引号均可）作为开始和结束的符号，这种注释实际上是跨行的字符串。

单行注释一般用来解释代码行的功能，多行注释通常用来说明程序的功能、作者、完成时间、输入/输出等。

2.1.4　任务的实现

任务"计算圆柱体体积"的重点是实践 Python 语句、代码块、缩进、注释等书写规范，领会 Python 语言"简单""优雅"的特点，具体见例 2-3。关于导入模块、运算符、分支结构等内容将在后续章节陆续学习。

例 2-3　计算圆柱体的底面积和体积

```
1   '''
2   使用 math 库中的 pi 常数，计算圆柱体的底面积和体积
3   math 库是 Python 的内置数学函数库，需要导入后使用
4   以上是多行注释
5   '''
6   # 用分支判断半径 r 的值(单行注释)
7   import math
8   r = -2
9   h = 10
10  if r>0:
11      area = math.pi*r*r    # 附在语句后的单行注释
```

```
12      volume = area*h
13      print(area, volume)
14  else:
15      print("半径为负，请修改")
```

任务 2.2　掌握标识符和常用的关键字

【任务描述】

标识符和关键字是计算机语言的基本语法元素，是编写程序的基础，不同计算机语言的标识符和关键字略有区别。

本节任务是掌握标识符的命名规则和了解常用的关键字。

2.2.1　标识符

计算机中的数据，如变量、方法、对象等都需要有名称，以方便编程时使用。这些由用户定义的、被程序使用的符号就是**标识符**。用户可以根据编程的需要来定义标识符，规则如下。

- Python 的标识符可以由字母、数字和下画线 "_" 组成，且不能以数字开头。
- 标识符区分大小写，没有长度限制。
- 标识符不能使用计算机语言中预留的、有特殊作用的关键字。
- 标识符的命名尽量符合见名知义的原则，从而提高代码的可读性。例如，程序中的用户名使用 username 来表示，学生对象使用 student 来表示。

Python 中的合法标识符如下。

```
myVar、_Variable、姓名
```

Python 中的非法标识符如下。

```
2Var、vari#able、finally、stu@lnnu、my name
```

2.2.2　关键字

Python 语言保留了一些有特殊用途的单词，这些单词被称为**关键字**，也叫保留字。用户定义的标识符（如变量名、方法名等）不能与关键字相同，否则运行或编译程序时会出现异常。Python 常用的关键字见表 2-1。

表 2-1　Python 常用的关键字

and	as	assert	break	class	continue
def	del	elif	else	except	False
finally	for	from	global	if	import
in	is	lambda	nonlocal	not	or
None	pass	raise	return	True	try
while	with	yield			

在 Python 中，需要注意 True、False、None 的写法。如果用户需要查看关键字的信息，在 IDLE 环境下，可以使用 help()函数进入帮助系统查看，具体见例 2-4。

例 2-4　进入 Python 的帮助系统

```
>>> help()              # 进入 Python 的帮助系统
>>> help> keywords      # 查看关键字列表
>>> help> break         # 查看"break"关键字说明
>>> help> quit          # 退出帮助系统
```

课堂练习

（1）以下哪些是 Python 的合法标识符？

__name、_first、mid-school、int、int32、money$ = 12、Jeep1 = 12、true、none

（2）下面是判断一个数是偶数还是奇数的程序，调试并修改程序中的错误。

```
in = 16
if in%2 == 0:    /* x%2 == 0用于判断 x 能否被 2 整除 */
    print("该数是偶数")
else:
    print(该数是奇数)
  print("thanks")
```

任务 2.3　掌握 Python 的数据类型和变量

【任务描述】

计算机程序设计的目的是存储和处理数据，将数据分为合理的类型可以方便数据处理，提高数据的处理效率，节省存储空间。程序使用变量来临时保存数据，变量使用标识符来命名。

完成一个利用公式 $C = 5 \times (F-32) / 9$ 实现温度换算的程序。其中，C 表示摄氏温度，F 表示华氏温度。程序运行时，输入一个表示华氏温度的浮点数，输出对应的摄氏温度值。

2.3.1　数据类型

数据类型指明了数据的状态和行为。Python 的数据类型包括数值类型（Number）、字符串类型（Str）、列表类型（List）、元组类型（Tuple）、字典类型（Dict）和集合类型（Set）等。其中，数值类型是 Python 的基本数据类型，包含整数类型（int）、浮点数类型（float）、复数类型（complex）和布尔类型（bool）4 种。

1. 整数类型

整数类型简称整型，它与数学中整数的概念一致。整型数据的表示方式有 4 种，分别是十进制、二进制（以"OB"或"Ob"开头）、八进制（以"0o"或"0O"开头）和十六进制（以"Ox"或"OX"开头）。

Python 的整数类型数据理论上取值范围是 $(-\infty, \infty)$，实际上取值范围受限于运行 Python

程序的计算机内存大小。下面是一些整数类型的数据。

```
100, 21, 0O234, 0o67, 0B1011, 0b1101, 0x1FF, 0X1DF
```

Python 有多种数据类型，并且有些数据类型的表现形式相同或相近，使用 Python 的内置函数 type()可以测试各种数据类型，见例 2-5。

例 2-5　使用 type()函数测试数据类型

```
>>> x = 0O234
>>> y = 0B1011
>>> z = 0X1DF
>>> print(x,y,z)
156 11 479
>>> type(x),type(y),type(z)
(<class 'int'>, <class 'int'>, <class 'int'>)
```

例 2-5 定义了 3 个变量。第 1 行代码中，变量 x 是一个八进制的整数；第 2 行代码中，变量 y 是一个二进制的整数；第 3 行代码中，变量 z 是一个十六进制的整数，它们都属于 int 类型。运行结果是输出 x、y、z 这 3 个变量的十进制数，并显示它们的数据类型。

2．浮点数类型

浮点数类型简称浮点型，表示数学中的实数，是带有小数的数据类型。例如，3.14、10.0 都属于浮点数类型。浮点数类型可以用十进制或科学记数法表示。下面是用科学记数法表示的浮点数类型数据。

```
3.22e3, 0.24E6, 1.5E-3
```

E 或 e 表示基数是 10，后面的整数表示指数，指数的正负使用"+"或者"–"表示，其中，"+"可以省略，如 3.22e3 表示 $3.22×10^3$，即浮点数 3220.0。

需要注意的是，Python 的浮点数类型占 8 字节，表示的数的精度范围是 2.2e–308～1.8e308。

3．复数类型

复数类型表示数学中的复数，例如，5+3j、–3.4–6.8j 都是复数类型。多数计算机语言没有复数类型。Python 中的复数类型有以下特点。

- 复数由实数部分 real 和虚数部分 imag 构成，表示为 real+imagj 或 real+imagJ。
- 实数部分 real 和虚数部分 imag 都是浮点型。

需要说明的是，一个复数必须有表示虚部的实数和 j，如 1j、–1j 都是复数，而 0.0 不是复数，并且表示虚部的实数即使是 1 也不可以省略。测试复数类型见例 2-6，从运行结果可以看出，复数的实部和虚部都是浮点数。

例 2-6　测试复数类型

```
>>> f1 = 3.3+2j
>>> print(f1)
(3.3+2j)
>>> type(f1)
<class 'complex'>
>>> f1.real
3.3
>>> f1.imag
2.0
```

4. 布尔类型

布尔类型可以看作一种特殊的整型，布尔类型数据只有两个值：True 和 False。如果对布尔值进行运算，True 会被当作整型 1，False 会被当作整型 0。每一个 Python 对象都有布尔值（True 或 False），进而可用于布尔测试（如用在 if 结构或 while 结构中）。

布尔值是 False 的对象有 None、False、整数 0、浮点数 0.0、复数 0.0+0.0j、空字符串" "、空列表[ ]、空元组( )、空字典{ }。布尔值可以用 Python 的内置函数 bool()来测试，见例 2-7。

例 2-7　测试布尔值

```
>>> x1 = 0
>>> type(x1), bool(x1)
(<class 'int'>, False)
>>> x2 = 0.0
>>> type(x2),bool(x2)
(<class 'float'>, False)
>>> x3 = 0.0+0.0j
>>> type(x3), bool(x3)
(<class 'complex'>, False)
>>> x4 = ""
>>> type(x4), bool(x4)
(<class 'str'>, False)
>>> x5 = []            # 列表类型
>>> type(x5), bool(x5)
(<class 'list'>, False)
>>> x6 = {}            # 字典类型
>>> type(x6), bool(x6)
(<class 'dict'>, False)
```

5. 字符串类型

Python 的字符串是用单引号、双引号或三引号引起来的字符序列，用于描述信息。例如，"copyright"、"Python"、'beautiful'、"beautiful'"等，字符串的运算和操作将在第 3 章介绍。

由于字符串应用频繁，有时我们也将**字符串类型**视为基本的数据类型。

6. 列表类型

Python 中的**列表类型**是一种序列类型，列表是数据的集合。列表用中括号"["和"]"来表示，列表内容以逗号来分隔。例如，[1,2,3,4]、["one","two","Python","three"]、[3,4,5,"three"]等。

列表的运算和操作将在第 5 章介绍。

7. 元组类型

元组类型是由 0 个或多个元素组成的不可变序列类型。元组与列表的区别在于元组的元素不能修改。创建元组时，只要将元组的元素用小括号括起来，并使用逗号隔开即可。例如，('physics', 'chemistry', 1997, 2000)就是一个元组。

元组的运算和操作将在第 5 章介绍。

8. 字典类型

字典类型是 Python 中唯一内置的映射类型，可实现通过数据查找关联数据的功能。字典是键值对的无序集合。字典中的每一个元素都包含两部分：键和值。字典用大括号"{"和"}"来表示，每个元素的键和值用冒号分隔，元素之间用逗号分隔。例如，{'AU': 'Australia', 'CN': 'China', 'KR': 'Korea'}，{'name': 'rose', 'age': 18, 'score': 75.2}。

字典的运算和操作将在第 5 章介绍。

9. 集合类型

在 Python 中，**集合类型**是一组对象的集合，对象可以是各种类型。集合由各种类型的元素组成，但元素之间没有任何顺序，并且元素不重复。例如，set([1,2,3,4])表示由 4 个元素组成的集合。

2.3.2　变量

变量是计算机内存存储位置的表现形式，也叫内存变量，用于在程序中临时保存数据。变量用标识符来命名，变量名区分大小写。Python 定义变量的格式如下。

```
varName = value
```

其中，varName 是变量名，value 是变量的值，这个过程被称为变量赋值，"="被称为赋值运算符，即把"="后面的值传递给前面的变量。

关于变量，使用时需要注意以下问题。

（1）计算机语言中的赋值是一个重要的概念

如果 $x = 8$，赋值运算的含义是将 8 赋予变量 x；若 $x = x+1$，赋值运算的含义是将 x 加 1 之后的值再赋予 x，x 的值是 9，这与数学中等号的含义是不同的。

（2）Python 中变量的类型由所赋的值来决定

在 Python 中，只要定义了一个变量，并且该变量存储了数据，那么变量的数据类型就已经确定，系统会自动识别变量的数据类型。例如，若 $x = 8$，则 x 是整型数据；若 $x = $ "Hello"，则 x 是一个字符串数据。变量也可以是列表、元组或对象等类型。

（3）变量有多种赋值方式

下面的代码给出几种常见的赋值方式，分别表示为单一变量赋值、为多个变量分别赋值、为多个变量赋同一个值、复合赋值。

```
x = 8
x, y, z = 1,2,3
x = y = z = 9.9
x, y = y, x        # x, y值互换
```

使用内置函数 type()可以查看变量的类型，使用内置函数 id()可以查看变量在内存中的标识。

与变量对应，计算机语言还有常量的概念。常量就是在程序运行期间，值不发生改变的量。实质上，常量是内存用于保存固定值的单元，常量也有各种数据类型。例如，"Python"、3.14、100、True 等都是常量，其类型定义与 Python 的数据类型是一致的。

2.3.3　任务的实现

本小节任务是利用公式 $C = 5×(F-32)/9$ 实现华氏温度转换为摄氏温度，需要使用变量，

同时还涉及数据类型转换，要点如下。

（1）使用 input()函数接收用户输入，并使用 float()函数将输入的字符串形式的数据转换为浮点数。

（2）定义变量 tempf 和 tempc，用来临时保存程序中的摄氏温度和华氏温度，变量的命名要遵循 Python 关于标识符的命名规则。

（3）根据公式计算摄氏温度，利用算术运算符"*""/""−"构建一个表达式用于计算，并利用括号设定运算顺序。运算符默认按照其优先级进行运算。程序中的 input()函数、float()函数及格式控制函数 print()将在后面章节中学习。

华氏温度转换为摄氏温度见例 2-8。

例 2-8　华氏温度转换为摄氏温度

```
tempf = float(input("请输入华氏温度："))
tempc = 5*(tempf-32)/9        # 根据公式计算摄氏温度
print("对应的摄氏温度为：%.5f"%tempc)
```

课堂练习

写出下面代码中 print()函数的运行结果。

```
>>> num0 = 0
>>> num1 = ox12
>>> num2 = 0o17
>>> print(num0, type(num0))
>>> print(num1, num2)

>>> fnum1 = 1.7e3
>>> print(fnum1, type(fnum1))

>>> cnum1 = 0j
>>> print(cnum1, type(cnum1))

>>> bnum1 = False
>>> print(bnum1, bool(num1), bool(num0))
>>> print(bool(num0), bool(""), bool("ax"))
>>> var1 = 9
>>> var3 = var2 = var1+1
>>> print(var1, var2, var3)
```

任务 2.4　Python 运算符的应用

【任务描述】

运算符是表示不同运算类型的符号，可分为算术运算符、关系运算符、逻辑运算符、赋值运算符和位运算符等，由运算符连接 Python 的变量就构成了表达式。

Python 编程离不开各种类型的运算符。本节任务如下，设三角形的 3 条边长分别为 a、b、c，a 和 b 之间的夹角为 m，3 条边长和夹角间的关系可以用公式表示：$c^2 = a^2+b^2-2\times a\times b\times\cos(m)$。编写程序，输入三角形的边长 a，b，c，计算夹角 m 的度数，体会运算符、表达式及运算符优先级的含义。

2.4.1　算术运算符

算术运算可以完成数学中的加、减、乘、除四则运算。算术运算符包括+（加）、−（减）、*（乘）、/（浮点除）、%（余）、**（幂）、//（整除）。

使用算术运算符需要注意以下问题。

（1）Python 中，用 "*" 表示乘法运算。

（2）用 "/" 和 "//" 表示除法运算，"/" 称为浮点除，不管是两个整数的除法还是带小数的除法，结果均包括小数部分；"//" 称作整除，结果只保留整数部分，例如，24//10 的结果是 2。

（3）"**" 是幂运算符，返回 a 的 b 次幂，例如，12**3 计算的是 12 的 3 次方。

算术运算符的应用见例 2-9。

例 2-9　算术运算符的应用

```
>>> x1 = 17
>>> x2 = 4
>>> result1 = x1+x2      # 21
>>> result2 = x1-x2      # 13
>>> result3 = x1*x2      # 68
>>> result4 = x1/x2      # 4.25
>>> result5 = x1%x2      # 1
>>> result6 = x1**x2     # 83521
>>> result7 = x1//x2     # 4
```

由算术运算符将数值类型的变量连接起来就构成了算术表达式，它的计算结果是一个数值。不同类型的数据在进行运算时应当是兼容的，并遵循运算符的优先级规则。

2.4.2　关系运算符

关系运算是两个数据之间的比较。关系运算符有 6 个：>（大于）、<（小于）、>=（大于等于）、<=（小于等于）、==（等于）和!=（不等于）。

关系运算符多用于数值数据或字符串数据的比较，运算结果是布尔值 True 或 False。用关系运算符连接的表达式称为关系表达式，一般在程序的分支结构中使用。

使用关系运算符需要注意以下问题。

（1）只有当参与运算的数据类型兼容时，才能进行关系运算。

（2）关系运算符>=、<=、==、!=两个符号之间是没有空格的。而且，要注意 "==" 和 "=" 的区别，前者是比较运算，后者是赋值操作。

（3）关系运算符的优先级低于算术运算符，即在含有数学运算和关系运算的表达式中，先进行数学运算，再进行关系运算。而且，==、!=的优先级低于>、<、>=、<=。

例 2-10 是关系运算符的应用，其中的内置函数 len()用于测试字符串的长度。

例 2-10　关系运算符的应用

```
>>> x = 'student'
>>> y = "teacher"
>>> x>y
False
>>> len(x) == len(y)
True
>>> x != y
True
>>> x+y == y+x
False
>>> 1 != 1 >= 0
False
```

2.4.3　逻辑运算符

逻辑运算符包括 and、or、not，分别表示逻辑与、逻辑或、逻辑非，运算的结果是布尔值 True 或 False。逻辑运算符见表 2-2，其中，$x = 12$、$y = 0$。

表 2-2　逻辑运算符

运算符	表达式	描述	示例
and	x and y	x、y 有一个为 False，逻辑表达式的值为 False	x and y，值为 0
or	x or y	x、y 有一个为 True，逻辑表达式的值为 True	x or y，值为 12
not	not x	x 值为 True，逻辑表达式的值为 False；x 值为 False，逻辑表达式的值为 True	not x，值为 False；not y，值为 True

关于逻辑运算符，需要注意以下问题。

（1）Python 的每个元素都有布尔值，非 0 整数的布尔值为 True。

（2）在 x and y 表达式中，如果 x、y 均为 True，则表达式的值为 y；在 x or y 表达式中，如果 x、y 均为 True，则表达式的值为 x。如下面代码所示。

```
>>> x = -1       # x为真值 True
>>> y = 10       # y为真值 True
>>> x and y
10
>>> x or y
-1
```

2.4.4　赋值运算符

赋值运算符用于将表达式的值传递给变量。在 Python 中，赋值运算有以下 3 种情况：为单一变量赋值，为多个变量赋一个值，为多个变量赋多个值。赋值运算是计算赋值号右边的值并传递给赋值号左边的变量,因此赋值表达式的运算方向是从右到左的。例如,$x = x+1$ 是一个合法的赋值运算,先计算 $x+1$ 的值,再将值赋给赋值号左边的变量 x,这和数学中的等式的含义完全不同。

赋值运算符的应用见例 2-11。

例 2-11　赋值运算符的应用

```
>>> x = 5                # 为单一变量赋值,x 值为 5
>>> x = x+1              # 进行赋值运算,x 值最后为 6
>>> x = y = z = 5        # 为多个变量赋一个值,x、y、z 值均为 5
>>> x, y, z = 3,4,5      # 为多个变量赋多个值,x 值为 3,y 值为 4,z 值为 5
```

赋值运算符可以和算术运算符组合成复合赋值运算符,如+=、-=、*=等。这是一种缩写形式,使用这种形式对变量进行改变的时候显得更为简单。表 2-3 列举了 Python 中的复合赋值运算符,其中,$x = 5$、$y = 3$。

表 2-3　复合赋值运算符

运算符	功能描述	示例
+=	加法赋值运算符	x+= y 相当于 x = x+y,x 计算后的结果为 8
-=	减法赋值运算符	x-= y 相当于 x = x- y,x 计算后的结果为 2
*=	乘法赋值运算符	x*= y 相当于 x = x*y,x 计算后的结果为 15
/=	除法赋值运算符	x/= y 相当于 x = x/y,x 计算后的结果为 1.6666667
%=	取余赋值运算符	x%= y 相当于 x = x%y,x 计算后的结果为 2
**=	幂赋值运算符	x**= y 相当于 x = x**y,x 计算后的结果为 125
//=	整除赋值运算符	x//= y 相当于 x = x//y,x 计算后的结果为 1

2.4.5　位运算符*

位运算用于对整数中的位进行测试、置位或移位处理,对数据进行按位操作。Python 的位运算符有 6 个,即~(按位取反)、&(按位与)、|(按位或)、^(按位异或)、>>(按位右移)、<<(按位左移)。位运算符见表 2-4。其中,op1、op2 是参与运算的整型变量。

表 2-4　位运算符

运算符	用法	描述
~	~op1	按位取反
&	op1&op2	按位与
|	op1|op2	按位或
^	op1^op2	按位异或
>>	op1>> op2	右移 op2 位
<<	op1<< op2	左移 op2 位

位运算符的应用见例 2-12。

例 2-12 位运算符的应用

```
>>> op1 = 6
>>> op2 = 2
>>> ~op1          # 等价于二进制~00000110 = 11111001，输出-7
-7
>>> op1|op2       # 等价于二进制 0110|0010 = 0110，输出 6
6
>>> op1&op2       # 等价于二进制 0110&0010 = 0010，输出 2
2
>>> op1>>op2      # 0110 右移 2 位为 0001，输出 1
1
>>> op1<<op2      # 0110 左移 2 位为 11000，输出 24
24
```

需要说明的是，进行位运算后得到的二进制值是补码的形式，如果首位是 1，表示这是个负数，需要按照"按位取反，末位加 1"的规则计算输出值。

2.4.6 运算符的优先级

表达式是标识符和运算符按一定的语法形式组成的序列。表达式中的运算符是存在优先级的，优先级指在同一个表达式中多个运算符被执行的顺序。在计算表达式的值时，应按运算符的优先级的顺序执行。如果一个运算对象两侧的运算符优先级相同，则按规定的结合方向处理，这被称为运算符的结合性。在 Python 中，!（非）、+（正）、-（负）以及赋值运算符的结合方向是"先右后左"，其余运算符的结合方向则是"先左后右"。

运算符的优先级见表 2-5。在表达式中，可以使用小括号()显式地标明运算顺序，括号中的表达式首先被计算。

表 2-5 运算符的优先级

优先级	运算符	优先级	运算符
1	**（指数）	8	|
2	~（按位取反）+（正数）-（负数）	9	< > <= >=
3	* / % //	10	== !=
4	+ -	11	= += -= *= /= %= //=
5	>>（右移） <<（左移）	12	not
6	&	13	and or
7	^		

运算符优先级的应用见例 2-13。

例 2-13 运算符优先级的应用

```
>>> x = 10
>>> y = 20
>>> m = 3.0
>>> n = 8.2
```

```
>>> b = x+y>x-y*-1 and m<n%3
>>> b
False
>>> b1 = ((x+y)>(x-y*(-1))) and m<(n%3)
>>> b1
False
>>> b2 = ((x+y)>(x-y*(-1))) and (m<(n%3))
>>> b2
False
```

从例 2-13 可以看出，b1、b2 表达式的可读性比 b 表达式的可读性明显增强。

2.4.7　任务的实现

本小节任务是利用公式 $c^2 = a^2+b^2-2\times a\times b\times \cos(m)$ 计算两边之间的夹角，涉及运算符、运算符的优先级，还要用到 math 模块中的函数，实现要点如下。

（1）使用 input()函数接收用户输入三角形的 3 条边长 a、b、c，再使用 eval()函数将输入的字符串形式的数据转换为数值。

（2）公式变换，$\cos(m) = (a^2+b^2-c^2)/(2\times a\times b)$

（3）定义变量 t 保存$(a^2+b^2-c^2)/(2\times a\times b)$的值，将其作为 acos()函数的参数。

（4）使用反余弦函数 acos()得到弧度值，再使用 degree()函数将弧度转换为角度。

计算两边之间夹角见例 2-14。

例 2-14　计算两边之间夹角

```
1   import math
2   a = eval(input("请输入 a 边长："))
3   b = eval(input("请输入 b 边长："))
4   c = eval(input("请输入 c 边长："))
5   t = (a*a+b*b-c*c)/(2*a*b)
6   m = math.degrees(math.acos(t))
7   print("夹角 m 的度数为", m)
```

课堂练习

（1）写出下列代码的运行结果。

```
>>> print(0x1F)
>>> print(9**0.5)
>>> print(2.5**2)
>>> print(2.0+3)
>>> print(12 and 21)
>>> v1 = 2
>>> v1* = 2+100//9
>>> print(v1)

>>> a1 = 7.0; a2 = 5; a3 = 'blank'
```

```
>>> print(a1%a2)

>>> a1,a2,a3 = a3,a2,a1
>>> print(a1,a2,a3)
```

（2）下面代码使用了逻辑运算符，写出 print()语句的运行结果。

```
>>> age = 32
>>> salary = 8000
>>> print(age <= 30 and salary >= 5000)
>>> print(age <= 30 or salary >= 5000)
>>> print(not age >= 30)
```

实　训

实训 1　计算一元二次方程 $ax^2+bx+c = 0$ 的实数根

【训练要点】

（1）一元二次方程 $ax^2+bx+c = 0$，求实数根的公式如下：

$$x = \frac{-b \pm \sqrt{b^2 - 4ac}}{2a}$$

（2）使用变量、运算符、表达式和 math 模块中的函数构建求根表达式。

【需求说明】

（1）一元二次方程系数 a、b、c 使用 input()函数输入。

（2）输出实数根；如果无实数根，给出提示。

【实现要点】

（1）使用 input()函数和 eval()函数得到一元二次方程的系数（数值数据）a、b、c。

（2）定义变量 p = b*b-4*a*c，计算判别式的值。

（3）使用 import 语句导入 math 模块，并使用 math.sqrt(p)计算 p 的平方根。

（4）使用 if…elif…else 的分支结构，根据 if 后面的逻辑表达式的值判断程序的走向。

（5）打印输出。

【实训提示】

一是表达式中的运算符是存在优先级的，计算表达式的值时，按运算符的优先级顺序执行；二是程序流程、输出格式控制请参考第 4 章和第 3 章内容。

【代码实现】

```
1    import math
2    a = eval(input("请输入参数a: "))
3    b = eval(input("请输入参数b: "))
4    c = eval(input("请输入参数c: "))
5    p = b*b-4*a*c
6    if p>0:
```

```
7      x1 = (-b+math.sqrt(p))/(2*a)
8      x2 = (-b-math.sqrt(p))/(2*a)
9      print("方程有两个实数根：{:.2f}和{:.2f}".format(x1,x2))
10  elif p == 0:
11      x = -b/(2*a)
12      print("方程有一个实数根：{:.2f}".format(x))
13  else:
14      print("方程没有实数根")
```

实训 2 计算平面上两点间的距离

【训练要点】

（1）已知线段的两个端点的坐标为 A（x_1, y_1），B（x_2, y_2），使用下面的公式计算线段 AB 的长度：

$$AB = \sqrt{(x_1 - x_2)^2 + (y_1 - y_2)^2}$$

（2）使用变量、运算符、表达式和 math 模块中的函数构建计算两点间距离的表达式。

【需求说明】

（1）输入两个端点坐标（x_1, y_1）和（x_2, y_2）。

（2）输出线段长度（保留 3 位小数）。

【实现要点】

（1）使用 input()函数和 eval()函数获得端点坐标（数值数据）。

（2）使用 import 语句导入 math 模块。

（3）使用 math.sqrt()函数计算两点间的距离。

（4）控制输出格式保留 3 位小数。

【实训提示】

尝试使用 Python 的内置函数 pow()实现平方运算，例如，pow(9,2)返回 9 的平方 81。
math.sqrt(pow(x1-x2,2)+pow(y1-y2,2))可用于计算两点间的距离。

【代码实现】

```
1   import math
2   x1 = eval(input("请输入 A 点的横坐标:"))
3   y1 = eval(input("请输入 A 点的纵坐标:"))
4   x2 = eval(input("请输入 B 点的横坐标:"))
5   y2 = eval(input("请输入 B 点的纵坐标:"))
6   length = math.sqrt((x1-x2)*(x1-x2)+(y1-y2)*(y1-y2))
7   # length = math.sqrt(pow(x1-x2,2)+pow(y1-y2,2))        # pow()函数实现平方运算
8   print("线段 AB 的长度为%.3f"%length)
```

小   结

本章介绍 Python 程序的书写规范、标识符与关键字、数据类型与变量等内容，还介绍了

数值数据，以及 Python 的运算符和运算符的优先级。

Python 程序的书写规范包括代码缩进、注释、语句续行等，这是 Python 程序最基础的内容。

本章重点介绍了 Python 的数据类型。Python 的运算符包括算术运算符、关系运算符、逻辑运算符、赋值运算符等，这些运算符在表达式中存在优先级的问题。

Python 不要求在使用变量之前声明其数据类型，但数据类型决定了数据的存储和操作方式。

本章内容还涉及 3 个内置函数，type()函数用于测试数据的类型，bool()函数用于测试数据的布尔值，len()函数用于测试字符串的长度。

课后习题

1. 简答题

（1）什么是标识符？简述 Python 标识符的命名规则。

（2）什么是关键字？True 和 False 是否是 Python 的关键字？

（3）关系运算符的运算结果是什么类型？

（4）整数的二进制、八进制、十六进制都用什么格式表示？将十进制数转换为二进制数、八进制数、十六进制数的函数分别是什么？

（5）Python 常用的数值类型有哪几种？请举例说明。

2. 选择题

（1）下列选项中，**不是** Python 关键字的是哪一项？（   ）

A．pass   B．from   C．yield   D．static

（2）下列选项中，可作为 Python 标识符的是哪一项？（   ）

A．getpath()   B．throw   C．my#var   D．_My _price

（3）下列选项中，使用 bool()函数测试，值**不是** False 的是哪一项？（   ）

A．0   B．[]   C．{}   D．−1

（4）假设 x、y、z 的值都是 0，下列表达式中**非法**的是哪一项？（   ）

A．x = y = z = 2   B．x, y = y, x

C．x = (y == z+1)   D．x = (y = z+1)

（5）下列关于字符串的定义中，**错误**的是哪一项？（   ）

A．'''hipython'''   B．'hipython'   C．"hipython"   D．[hipython]

（6）下列数据类型中，Python **不支持**的是哪一项？（   ）

A．char   B．int   C．float   D.list

（7）Python 语句 print(type(1/2))的输出结果是哪一项？（   ）

A．<class 'int'>   B．<class 'number'>

C．<class 'float'>   D．class <'double'>

（8）Python 语句 x='car'; y=2; print(x＋y)的输出结果是哪一项？（   ）

A．语法错   B．2   C．car2   D．carcar

（9）Python 语句 print(0.1+0.2 == 0.3)的输出结果是哪一项？（　　）

A．True　　　　　　B．False　　　　　C．−1　　　　　　D．0

（10）以下语句的输出结果是哪一项？（　　）

```
a = 10.99
print(complex(a))
```

A．0.99　　　　　　B．10.99+j　　　　C．10.99　　　　　D．(10.99+0j)

（11）以下关于 Python 浮点数类型的描述中，**不正确**的是哪一项？（　　）

A．Python 要求所有浮点数必须带有小数部分

B．浮点数类型表示带有小数的类型

C．小数部分不可以为 0

D．浮点数类型与数学中实数的概念一致

（12）Python 运算符**的作用是哪一项？（　　）

A．非法符号　　　　B．幂运算　　　　C．乘法运算　　　　D．操作数取平方

3．编程题

（1）编写程序，根据输入的 3 科成绩值，计算平均分和总分。

（2）编写程序，根据输入的三角形的 3 条边长，输出三角形的面积。

第3章 Python 的字符串操作

字符串是一种表示文本的数据类型。字符串的表示、解析和处理是 Python 的重要内容，也是 Python 编程的基础之一。在学习 Python 数据类型的基础上，本章学习使用索引和切片来访问字符串中的字符、设置字符串的显示格式、操作字符串的方法以及 Python 的输入/输出等内容。

◇ 学习目标

（1）了解字符串的格式化方法。
（2）熟练掌握字符串的索引和切片操作。
（3）掌握常用的字符串操作方法。
（4）熟悉 Python 的输入/输出函数。

◇ 知识结构

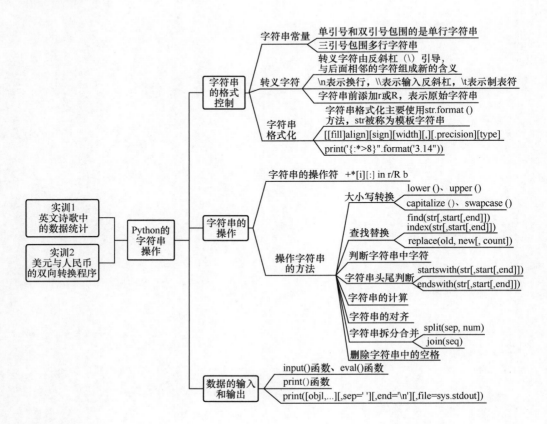

任务 3.1　实现字符串的格式控制

【任务描述】

程序运行输出的结果通常以字符串的形式呈现，为了实现输出的灵活性和可编辑性，需要控制字符串的输出格式。

本节任务是完成一个控制字符串输出格式的程序。程序接收从键盘输入的浮点数字符串 istr，要求输出 istr，输出格式为宽度 20 位、右对齐、增加千位分隔符、使用"-"填充、保留 3 位小数。

3.1.1　字符串常量

Python 中的字符串是字符的集合，它被引号所包围，引号可以是单引号、双引号或者三引号（即三个连续的单引号或者双引号）。

单引号和双引号包围的是单行字符串，二者的作用相同。三引号可以包围多行字符串。例 3-1 是在 IDLE 交互方式下定义的 3 种类型的字符串。

例 3-1　3 种类型的字符串

```
>>> 'We must put the people first'  '2035' 'st"ude"nt'    # 单引号包围的字符串
>>> "innovation"  "id"  "江山就是人民，人民就是江山"  "st'ud'ent"   # 双引号包围的字符串
>>> '''                                                   # 三引号包围的字符串
尊重自然、顺应自然、保护自然，是全面建设社会主义现代化国家的内在要求。
"绿水青山就是金山银山"
'生态兴则文明兴，生态衰则文明衰'
'''
```

需要说明的是，三个引号能包围多行字符串，这种字符串常常出现在函数声明的下一行，用来注释函数的功能。这个注释被认为是函数的一个默认属性，可以通过"函数名.__doc__"的形式进行访问。关于函数的内容，我们将在第 6 章介绍。

3.1.2　转义字符

转义字符的含义是赋予某些字符特殊的意义，通常用于格式控制，表示在一些场合不能直接输入的特殊字符。如下面的代码所示。

```
'type('development') '
```

在由单引号包围的字符串中再次使用单引号，代码运行时将会报错，这就需要使用转义字符。有时代码中需要包括退格符、换行符、换页符等不可见字符，也需要使用转义字符。

转义字符由反斜杠（\）引导，与后面相邻的字符组成新的含义，如\n 表示换行，\\表示输入反斜杠，\t 表示制表符。常用的转义字符见表 3-1。

表 3-1 常用的转义字符

转义字符	含义描述	转义字符	含义描述
\（在行尾时）	Python 的续行符	\n	换行
\\	反斜杠符号	\t	横向制表符
\'	单引号	\r	回车
\"	双引号	\f	换页
\a	响铃	\ooo	八进制表示的 ASCII 对应字符
\b	退格（Backspace）	\xhh	十六进制表示的 ASCII 对应字符
\0	空		

转义字符的应用见例 3-2。

例 3-2 转义字符的应用

```
>>> x = '\101\102'        # 八进制表示的 ASCII 字符
>>> y = '\x61\x63'        # 十六进制表示的 ASCII 字符
>>> x,y
('AB', '\ac')
>>> print(x,y)
AB ac
>>> print("Give strategic priority \nto ensuring\tthe people's health")
Give strategic priority
to ensuring     the people's health
```

关于转义字符，注意以下几点。

- 大部分转义字符表示一些常见的计算机操作，如回车、换行、退格、制表等。
- 部分转义字符是为了避免与其他字符的原有意义发生冲突或混淆而定义的。例如，字符反斜杠（\），英文的单引号和双引号等。
- 在字符串前添加 r 或 R，表示原始字符串，适用于不让转义字符有效的情况，例如 print(R"\r\t")的输出为\r\t。

3.1.3 字符串格式化

从 Python 2.6 开始，字符串格式化广泛使用 str.format()方法，这种方法方便用户对字符串进行格式化处理。

操作符 "%" 也可以用来格式化字符串，但 Python 2.6 之后更多使用 str.format()方法来格式化字符串。本小节介绍使用 str.format()来格式化字符串的方法。

1. 模板字符串与 format()方法中参数的对应关系

str.format()方法中的 str 被称为模板字符串，其中包括多个由 "{}" 表示的占位符，这些占位符接收 format()方法中的参数。str 与 format()方法中的参数是对应的，对应关系有以下 3 种情况，具体见例 3-3。

（1）使用位置参数匹配

在模板字符串中，如果占位符{}为空（没有表示顺序的序号），则会按照参数出现的先后顺序进行匹配；如果占位符{}指定了参数的序号，则会按照序号替换对应参数。

（2）使用键值对的关键字参数匹配

format()方法中的参数用键值对形式表示时，模板字符串用"键"来匹配。

（3）使用序列的索引作为参数匹配

如果 format()方法中的参数是列表或元组，则可以用其索引（序号）来匹配。

例 3-3　模板字符串与 format()方法中参数的对应关系

```
# 位置参数
>>> "{} is {} years old".format("Rose",18)
'Rose is 18 years old'
>>> "{0} is {1} years old".format("Rose",18)
'Rose is 18 years old'
>>> "Hi, {0}!{0} is {1} years old".format("Rose",18)
'Hi, Rose!Rose is 18 years old'


# 关键字参数
>>> "{name} was born in {year}, She is {age} years old".format(name = "Rose", age =
 18, year = 2000)
'Rose was born in 2000, She is 18 years old'


# 索引参数
>>> student = ["Rose",18]
>>> school = ("Dalian", "LNNU")
>>> "{1[0]} was born in {0[0]}, She is {1[1]} years old".format(school, student)
'Rose was born in Dalian, She is 18 years old'
```

2．模板字符串的格式控制

下面详细说明模板字符串的格式控制，其语法格式如下。

```
[[fill]align][sign][width][,][.precision][type]
```

模板字符串参数的含义如下。

- fill：可选参数，空白处填充的字符。
- align：可选参数，包括<、>、^3 个取值，用于控制对齐方式，配合 width 参数使用。
其中，"<"表示内容左对齐；">"是默认值，表示内容右对齐；"^"表示内容居中对齐。
- sign：可选参数，包括+、-和空格 3 个取值。
其中，"+"表示在正数前添加正号，在负数前添加负号；"-"表示在正数前不添加正号，在负数前添加负号；空格表示在正数前添加空格，在负数前添加负号。
- width：可选参数，指定格式化后的字符串所占的宽度。
- 逗号（,）：可选参数，为数字添加千分位分隔符。
- precision：可选参数，指定小数位的精度。
- type：可选参数，指定格式化的类型。

整数常用的格式化类型包括以下几种：

b，将十进制整数自动转换成二进制表示形式，然后格式化；

c，将十进制整数自动转换为对应的 Unicode 字符；

d，十进制整数；

o，将十进制整数自动转换成八进制表示形式，然后格式化；

x，将十进制整数自动转换成十六进制表示形式，然后格式化（小写 x）；

X，将十进制整数自动转换成十六进制表示形式，然后格式化（大写 X）。

浮点数常用的格式化类型包括以下几种：

e，转换为科学记数法（小写 e）表示形式，然后格式化；

E，转换为科学记数法（大写 E）表示形式，然后格式化；

f，转换为浮点数（默认保留小数点后 6 位）表示形式，然后格式化；

F，转换为浮点数（默认保留小数点后 6 位）表示形式，然后格式化；

%，输出浮点数的百分比形式。

使用 str.format()方法格式化字符串见例 3-4。

例 3-4　使用 str.format()方法格式化字符串

```
>>> print('{:*>8}'.format('3.14'))          # 宽度为 8 位，右对齐
****3.14
>>> print('{:*<8}'.format('3.14'))          # 宽度为 8 位，左对齐
3.14****
>>> print('{0:^8},{0:*^8}'.format('3.14'))  # 宽度为 8 位，居中对齐
  3.14  ,**3.14**                           # 科学记数法表示
>>> print('{0:e}, {0:.2e}'.format(3.14159))
3.141590e+00, 3.14e+00
```

3.1.4　任务的实现

本小节任务是控制字符串的输出格式，主要是实践 str.format()方法，要点如下。

（1）设计模板字符串 str 的格式。str 的格式可简单描述为[<参数序号>:<格式控制标记>]，格式控制标记包括<填充>、<对齐>、<宽度>、<,>、<精度>、<类型>等字段，这些字段可以组合使用。

（2）因为是控制浮点数格式，所以需要使用 eval()方法将输入的字符串转换为浮点数。

控制浮点数输出格式见例 3-5。

例 3-5　控制浮点数输出格式

```
istr = input("请输入浮点数：")
n =  eval(istr)
print("{:->20,.3f}".format(n))
```

课堂练习

（1）使用一条 print()语句在不同行分别输出"The 20th National Congress of the Communist Party of China"的每个单词。

（2）写出下列代码的运行结果。

```
>>> print("{:.2f}".format(20-2**3+10/3*2))
>>> print("{:0>10.3f}".format(3.14))
```

```
>>> print("数量{1}，单价{0}".format(23.4,34.2))
>>> print("E:\name\demo")
```

任务 3.2　字符串的操作

【任务描述】

操作字符串可以使用+、*、[]等字符串操作符，也可以使用 Python 封装好的一些方法。本节的任务如下。

给出一个商品代码字符串 product_num = "202206CZZZZ1503SH"。其中，前 6 位是商品的生产年月；字符 C 表示商品材质；字符 ZZZZ 为备用选项，无意义；字符 1503 为商品序列号；最后两位表示商品产地代码。

编写程序，判断商品是否为 2021 年生产；输出商品产地代码和商品序列号；将商品材质修改为 K。

3.2.1　字符串的操作符

字符串由若干个字符组成，为实现字符串的连接、子串的选择等，Python 提供了字符串的操作符，见表 3-2。其中，a、b 是两个字符串，a = "Hello"，b = "Python"。

表 3-2　字符串的操作符

操作符	描述	示例
+	连接字符串	a+b 的输出结果为 HelloPython
*	重复输出字符串	a*2 的输出结果为 HelloHello
[i]	切片操作。通过索引获取字符串中的字符，i 是字符的索引	a[1]的输出结果为 e
[:]	切片操作。截取字符串中的一部分	a[1:4]的输出结果为 ell
in	如果字符串中包含给定的字符，返回 True	'H' in a 的输出结果为 True
not in	如果字符串中不包含给定的字符，返回 True	'M' not in a 的输出结果为 True
r/R	原始字符串。原始字符串用来代替转义字符表示的特殊字符，在原字符串的第一个引号前加上字母 r（R），与普通字符串操作相同	print(r'\n')等价于 print('\\n') 输出: \n
b	返回二进制字符串。在原字符串的第一个引号前加上字母 b，可用于书写二进制文件，如 b"123"	
%	格式化字符串操作符	

字符串操作符的应用见例 3-6，其中，id()函数用来判断字符串对象在操作前后是否发生改变。id()函数返回对象的唯一标识符，这个标识符是一个整数，用于区分不同的对象，可以认为是变量的内存地址。

例 3-6　字符串操作符的应用

```
>>> str1 = "the country is its people."
>>> str1*2
'the country is its people.the country is its people.'
```

```
>>> id(str1)        # 测试 str1 的 id 值
67685472
>>> str1+ = "the people are the country."
>>> id(str1)        # str1 连接字符串后，id 值发生改变
70211008
>>> str1
'the country is its people.the people are the country.'
# 字符串切片操作
>>> str1[4:11]
'country'
>>> str1[-9:-1]  # 从后向前切片，最后一个字符索引是-1
' country'
>>> str1[:-9]      # 从索引为-9 的字符到字符串首
'the country is its people.the people are the'
>>> "people" in str1
True
>>> "People" in str1
False
```

3.2.2 操作字符串的方法

type()函数用于测试数据类型，id()函数用于测试数据的 id 值，len()函数用于测试字符串的长度，这些都是 Python 的内置函数。

Python 提供了很多用于操作字符串的函数，这些函数通常都使用 str.methodName()格式，本书将这种由对象调用的函数称为**方法**。部分方法见表 3-3～表 3-10，之后将通过具体的示例对方法加以说明。需要说明的是，在 Python 中，一般不对方法和函数加以区分，比如 len()函数也可以称为 len()方法，这些描述不影响读者对本书内容的理解。

表 3-3 字符串的大小写转换方法

方法名	功能描述
lower()	转换字符串中的大写字符为小写
upper()	转换字符串中的小写字符为大写
capitalize()	将字符串的第一个字符转换为大写
swapcase()	英文字符大小写互换

表 3-4 字符串的查找替换方法

方法名	功能描述
find(str[,start[,end]])	检测 str 是否包含在字符串中，如果指定范围 start 和 end，则检查 str 是否包含在指定范围内。如果包含，返回 str 的索引值，否则返回-1
index(str[,start[,end]])	同 find()方法。当 str 不在字符串中时，报告异常
rfind(str[,start[,end]])	类似于 find()方法，从右侧开始查找，返回 str 最后一次出现的索引值
rindex(str[,start[,end]])	类似于 index()方法，从右侧开始查找，返回 str 最后一次出现的索引值
replace(old,new[, count])	将字符串中的 old 替换成 new，如果指定了 count，则替换不超过 count 次

表 3-5　判断字符串中字符的方法

方法名	功能描述
isalnum()	如果字符串至少包含一个字符，并且所有字符都是字母或数字，返回 True；否则返回 False
isalpha()	如果字符串至少包含一个字符，并且所有字符都是字母，返回 True；否则返回 False
isdigit()	如果字符串只包含数字（包括 Unicode 数字、全角数字，不包括汉字数字、罗马数字等）返回 True；否则返回 False
islower()	如果字符串至少包含一个区分大小写的字符，并且所有这些（区分大小写的）字符都是小写，返回 True；否则返回 False
isnumeric()	如果字符串只包含数字字符（包括 Unicode 数字、全角数字、汉字数字、罗马数字等）返回 True；否则返回 False
isspace()	如果字符串只包含空白，返回 True；否则返回 False
isupper()	如果字符串至少包含一个区分大小写的字符，并且所有这些（区分大小写的）字符都是大写，返回 True；否则返回 False
isdecimal()	如果字符串只包含十进制字符，返回 True；否则返回 False

表 3-6　字符串头尾判断方法

方法名	功能描述
startswith(str[,start[, end]])	检查字符串是否以 str 开头，如果是，返回 True，否则返回 False。如果指定了 start 和 end 值，则在指定范围内检查
endswith(str[,start[, end]])	检查字符串是否以 str 结束，如果是，返回 True，否则返回 False。如果指定了 start 和 end 值，则在指定范围内检查

表 3-7　字符串的计算方法

方法名	功能描述
len(str)	返回字符串长度
max(str)	返回字符串中最大的字符
min(str)	返回字符串中最小的字符
count(str,[,start [,end]])	返回 str 在字符串中出现的次数，如果指定了 start 或者 end 值，则返回指定范围内 str 出现的次数

表 3-8　字符串的对齐方法

方法名	功能描述
center(width, fillchar)	返回一个在指定的宽度 width 中居中的字符串，fillchar 为填充的字符，默认为空格
ljust(width[, fillchar])	返回一个左对齐的字符串，并使用 fillchar 填充至长度 width，fillchar 默认为空格
rjust(width,[, fillchar])	返回一个右对齐的字符串，并使用 fillchar 填充至长度 width，fillchar 默认为空格

表 3-9　字符串拆分合并方法

方法名	功能描述
split(sep, num)	以 sep 为分隔符分隔字符串，如果 num 有指定值，则仅截取 num 个子字符串
join(seq)	以指定字符串作为分隔符，将 seq 中所有的元素合并为一个新的字符串

表 3-10   删除字符串中的空格方法

方法名	功能描述
lstrip()	删除字符串左边的空格
rstrip()	删除字符串末尾的空格
strip([chars])	在字符串上执行 lstrip() 和 rstrip() 方法

1. 大小写转换方法

大小写转换方法的应用见例 3-7。

例 3-7   大小写转换方法的应用

```
>>> str1 = "Modern Socialist Country"
>>> str1.lower()
'modern socialist country'
>>> str1.upper()
'MODERN SOCIALIST COUNTRY'
>>> str1.capitalize()
'Modern socialist country'
>>> str1.swapcase()
'mODERN sOCIALIST cOUNTRY'
```

2. 查找和替换方法

查找和替换方法的应用见例 3-8。

例 3-8   查找和替换方法的应用

```
>>> str1 = "hi, Python!hi, Java!"
>>> str1.find("hi")
0
>>> str1.rfind("hi")
10
>>> str1.index("a")
14
>>> str1.rindex("a")
16
>>> str1.replace("hi", "Hello")
'Hello, Python!Hello, Java!'
```

3. 判断字符串中字符的方法

判断字符串中字符的方法的应用见例 3-9。

例 3-9   判断字符串中字符的方法的应用

```
>>> "aabbcc$123".isalnum()        # 因为存在$，返回 False
False
>>> "hello9".isalpha()            # 因为存在 9，返回 False
False
>>> "123".isdigit()
True
>>> "12３".isnumeric()            # 识别全角数字
True
>>> "12 二".isnumeric()           # 识别汉字数字
True
```

```
>>> "12二".isdigit()                    # 不识别汉字数字
False
>>> "ABc".isupper()
False
```

4. 字符串头尾判断方法

字符串头尾判断方法的应用见例 3-10。

例 3-10　字符串头尾判断方法的应用

```
>>> str1 = "hi, Python!hi, Java!"
>>> str1.startswith("hi")
True
>>> str1.endswith("Java!")
True
>>> str1.startswith("hi",3)        # 从 str1 的第 3 个字符开始判断，不以"hi"开头
False
>>> str1.endswith("hi",3,12)       # 判断 str1 的第 3～12 个字符，以"hi"结尾
True
```

5. 字符串的计算方法

字符串计算方法的应用见例 3-11。

例 3-11　字符串计算方法的应用

```
>>> str1 = "hi, Python!hi, Java!"
>>> len(str1)
18
>>> max(str1), min(str1)
('y', '!')
>>> str1.count("hi")
2
```

6. 字符串拆分与合并方法

字符串拆分与合并方法的应用见例 3-12。

例 3-12　字符串拆分与合并方法的应用

```
>>> str1 = "Build,a,Modern,Socialist,Country"
>>> str1.split()                # 默认使用空格做分隔符，str1 中无空格，列表中只有一个元素
['Build,a,Modern,Socialist,Country']
>>> str1.split(",")             # 使用逗号做分隔符，4 个逗号，分隔 4 次
['Build', 'a', 'Modern', 'Socialist', 'Country']
>>> str1.split(",",2)           # 使用逗号做分隔符，限制分隔 2 次
['Build', 'a', 'Modern,Socialist,Country']
>>> lst = ['Build', 'a', 'Modern', 'Socialist', 'Country']
>>> s = " "
>>> print(s.join(lst) )                    # 将列表连接为字符串
Build a Modern Socialist Country
```

3.2.3　任务的实现

本小节任务是使用字符串的操作符和方法提取或修改商品信息，实现要点如下。

（1）判断商品是否为 2021 年生产，使用 in 操作符，代码是'2021' in product_num。

（2）输出商品的产地代码和商品序列号，使用 str[:]的切片方式截取字符串的一部分。

（3）将商品材质修改为 K，应用 str.replace()方法，注意字符串变量调用函数后，字符串本身并不会发生变化。

使用字符串的操作符和方法提取或修改商品信息见例 3-13。

例 3-13 使用字符串的操作符和方法提取或修改商品信息

```
1   #判断商品是否为 2021 年生产；输出商品的产地代码和商品序列号；将商品材质修改为 K
2   product_num = "202206CZZZZ1503SH"
3
4   print("是否为 2021 年生产:", '2021' in product_num)
5   print("产地代码:", product_num[-2:])
6   print("商品序列号:", product_num[-6:-2])
7   new = product_num.replace("C", "K")
8   print("材质修改为 K:", new)
9   print("原字符串不发生改变:", product_num)
```

课堂练习

（1）下面代码应用了字符串操作的部分函数，写出 print()函数的运行结果。

```
>>> s1 = " my python program "
>>> s2 = s1.strip()
>>> print(len(s1), len(s2))
>>> print(s2.find("python"), s2.find("Python"))
>>> s3 = s1.replace(' ',',')
>>> print(s3)
```

（2）下面代码测试字符串的切片和 in 运算符，写出 print()函数的运行结果。

```
>>> first_name = "chris"
>>> last_name = "Wilson"
>>> full_name = first_name+" "+last_name
>>> print("Hello, "+full_name.title()+"!"+" "*3+"Nice to meet you.")
>>> pid = "202206C15M"
>>> print(pid[6])
>>> print(pid[-1])
>>> print(pid[4:6])
>>> print(pid[-3:-1])
>>> print('c' in pid)
```

任务 3.3 实现数据的输入和输出

【任务描述】

程序是用来解决特定的计算问题的，每个程序都有统一的编制模式：输入数据、处理数据和输出数据。这种朴素的运算模式构成了基本的程序编写方法：IPO。

输入是一个程序的开始。程序要处理的数据有多种来源，例如，从控制台交互式输入的数据，使用图形用户界面输入的数据，从文件或网络读取的数据，或者由其他程序的运行结果中得到的数据等。输出是程序展示运算结果的方式。程序的输出方式包括控制台输出、图形输出、文件或网络输出等。

本节任务主要是掌握控制台的输入/输出方式，其他的输入/输出方式将在相关章节中介绍或参考 Python 的在线学习文档。

3.3.1　输入函数

Python 的内置函数 input()用于取得用户的输入数据，其语法格式如下。

```
varname = input(promptMessage)
```

其中，varname 是 input()函数返回的字符串数据；参数 promptMessage 是提示信息，可以省略。程序执行到 input()函数时会暂停，等待用户输入，用户输入的全部数据均作为输入内容。需要注意的是，如果要得到整数或小数，可以使用 eval()函数得到表达式的值，也可以使用 int()函数或 float()函数进行转换。eval()函数会将字符串转化为有效的表达式，再参与求值运算，返回计算结果。

input()函数的应用见例 3-14。

例 3-14　input()函数的应用

```
>>> name = input("请输入姓名：")
请输入姓名：Rose
# score1 为数值，需要参与数学计算，可使用 eval()函数
>>> score1 = eval(input("请输入科目 1 成绩："))
请输入科目 1 成绩：89
>>> score2 = eval(input("请输入科目 2 成绩："))
请输入科目 2 成绩：60
>>> print("您的总成绩是：", (score1+score2))
您的总成绩是：149
```

3.3.2　输出函数

Python 内置的 print()函数可完成基本的输出操作，其基本格式如下。

```
print([obj1, ...][,sep = ' '][,end = '\n'][,file = sys.stdout])
```

print()函数的所有参数均可省略，如果没有参数，print()函数将输出一个空行。根据给出的参数，print()函数在实际应用中分为以下几种情况。

- 同时输出一个或多个元素：在输出多个元素时，元素之间默认用逗号分隔。
- 指定输出分隔符：使用 sep 参数指明特定符号作为输出元素的分隔符。
- 指定输出结尾符号：默认以回车换行符作为输出结尾符号，可以用 end 参数指定输出结尾符号。
- 输出到文件：默认输出到显示器（标准输出），使用 file 参数可指定输出到特定文件。

print()函数的应用见例 3-15。

例 3-15　print()函数的应用

```
>>> x,y,z = 100,200,300
>>> print(x,y,z)                    # print()函数中的多个参数用逗号分隔
100 200 300
>>> print(x,y,z,sep = "##")         # 设置print()函数的输出分隔符为##
100##200##300
>>> print(x);print(y);print(z)      # 3个print()语句，默认分行显示
100
200
300
# print()设置end参数，用空格分隔，不换行
>>> print(x,end = " ");print(y,end = " ");print(z)
100  200  300
```

实　　训

实训 1　英文诗歌中的数据统计

【训练要点】

（1）使用字符串的操作方法计算字符数、单词数，查找单词位置等。

（2）长字符串的表示方法和转义字符的应用。

【需求说明】

（1）长字符串变量 poem 表示诗歌，其中的转义字符\n 表示换行。

```
poem = "Rain is falling all around.\nIt falls on field and \
tree.\nIt rains on the umbrella here.\nand on the ships at sea."
```

（2）输出下面的统计数据。

诗歌的字符数（包括空格和换行符）；判断是否以 Rain 开头；判断是否以 sea.结尾；单词 on 第一次和最后一次出现的位置；单词 on 出现的次数；诗歌中的字符是否包含数字；诗歌中的单词数。

【实现要点】

（1）len(str)函数返回字符串 str 的长度，即字符的个数。

（2）str.startswith(obj)方法和 str.endswith(obj)方法检查字符串 str 是否以 obj 开头或结尾，返回布尔值。

（3）str.find(obj) 方法检查 obj 是否存在于字符串 str 中，如果是，返回开始的索引值；否则返回-1。str.rfind(obj)方法类似于 find()，但从右侧开始查找，即返回 obj 在 str 中最后一次出现的位置。

（4）str.count(obj)方法统计 obj 在 str 中出现的次数。

（5）str.isdigit()方法检查字符串 str 中是否有数字，返回布尔值。

需要注意的是，计算单词数时，考虑到给出的 poem 变量的特点，单词之间用空格分隔，每行之间用\n 分隔，可以先使用 poem.replace("\n"," ")方法将换行转义字符替换为空格，再使用 len(str.split())方法统计字符串拆分后的单词个数。这种方法在文本统计中经常使用。

【代码实现】

```
1  poem = "Rain is falling all around.\nIt falls on field and \
2  tree.\nIt rains on the umbrella here.\nand on the ships at sea."
3  print(poem)
4  print("这首诗歌共有："+str(len(poem))+"个字符")
5  print("这首诗歌是否以 Rain 开头: ",poem.startswith("Rain"))
6  print("这首诗歌是否以 sea.结尾: ",poem.endswith("sea."))
7  print("第一次出现 on 的位置: ",poem.find("on"))
8  print("最后一次出现 on 的位置: ",poem.rfind("on"))
9  print("on 在诗歌中出现的次数: ",poem.count("on"))
10 print("诗歌中是否出现了数字: ",poem.isdigit())
```

实训 2　美元与人民币的双向转换程序

【训练要点】

（1）按照 1 美元 ＝6.75 元的汇率编写美元与人民币的双向转换程序。

（2）使用字符串的切片操作符 str[-1]和 str[:-1]取得字符串中的数据。

【需求说明】

（1）使用 input()函数输入形式如 100$或 100￥的数据。以$结尾表示美元，将其转换为等值人民币；以￥结尾表示人民币，将其转换为等值美元。

（2）转换公式为 1 美元 ＝6.75 元或 1 元 ＝1/6.75 美元。

【实现要点】

（1）使用 input()函数得到字符串变量 money。

（2）表达式 money[-1]得到最后一个字符，判断其为"$"或"￥"；表达式 money[:-1]得到美元或人民币的数字字符串，再使用 float()函数将其转换为浮点型数值。

（3）使用 if…else…的分支结构，实现货币转换。

（4）打印输出。

【实训提示】

if…else…语句是程序的分支结构，详见第 4 章，它根据条件表达式的值来判断执行流程的哪一个分支。

【代码实现】

```
1  money = input("请输入金额(美元以$结尾，人民币以￥结尾): ")
2  temp = float(money[:-1])
3  if money[-1] == '$':
4      rmb = temp*6.75
5      print("转换为人民币为: {:.2f}￥".format(rmb))
6  else:
7      dollar = temp/6.75
8      print("转换为美元为: {:.2f}$".format(dollar))
```

小　结

Python 中的字符串是字符的集合，它被单引号、双引号或者三引号包围。转义字符可用于表示一些特殊字符。

通常使用 str.format()方法格式化字符串，str 是模板字符串。使用+、*、[]等运算符可以实现字符串的运算和切片操作。

操作字符串的方法包括大小写转换方法、查找和替换方法、字符串判断方法、字符串计算方法、字符串拆分与合并方法等，必要时读者可查阅 Python 的帮助文档。

本章还介绍了 id()函数、eval()函数、input()函数、print()函数。id()函数返回变量在内存中的唯一标识，eval()函数返回字符串对象的值，input()函数取得用户输入的数据，print()函数基本的输出操作。

课后习题

1. 简答题

（1）字符串有哪几种表示形式？

（2）format()方法的参数有哪些？

（3）字符串合并与拆分的方法是什么，请通过示例来验证。

（4）len('您好,Helen')和 len("\n\t\r")的值分别是多少？

（5）"China" in "I love china"的值是 True 还是 False？

（6）"I love china".find("China")的值是多少？

2. 选择题

（1）下列关于字符串的表述中，**不合法**的是哪一项？（　　　）

A. '''python'''　　　　　　B. [python]　　　　C. "p'yth'on"　　　　D. 'py"th"on'

（2）关于下列代码的描述中，正确的是哪一项？（　　　）

```
>>> print("数量{n},买入价{1}, 卖出价{0}".format(23.4,34.2,n = 100))
```

A. 错误的 print()语句

B. 输出：数量 100,买入价 23.4，卖出价 34.2

C. 输出：数量 100,买入价 34，卖出价 23

D. 输出：数量 100,买入价 34.2，卖出价 23.4

（3）下列代码的输出结果是哪一项？（　　　）

```
print('a'.rjust(10,"*"))
```

A. a*********　　　　B. *********a　　C. aaaaaaaaaa　　　D. a*(前有 9 个空格)

（4）下列代码的输出结果是哪一项？（　　　）

```
>>> str1 = "helloPython"
>>> min(str1)
```

A. y　　　　　　　　B. P　　　　　　　C. e　　　　　　　　D. 运行异常

（5）关于表达式 id("45")结果的描述中，**不正确**的是哪一项？（   ）

A．是一个字符串   B．是一个正整数

C．可能是 46319680   D．是"45"的内存地址

（6）设 str1 = "*@python@*"，语句 print(str1[2:].strip("@"))的执行结果是哪一项？（   ）

A．*@python@*   B．python*   C．python@*   D．*python*

（7）设 str1 = "python"，语句 print(str1.center(10,"*"))的执行结果是哪一项？（   ）

A．**python**   B．python****   C．****python   D．SyntaxError

（8）字符串 tstr = "television"，显示结果为 vi 的选项是哪一项？（   ）

A．print(tstr[-6:6])   B．print(tstr[5:7])

C．print(tstr[4:7])   D．print(tstr[4:-2])

（9）以下关于 Python 字符串的描述中，**不正确**的是哪一项？（   ）

A．字符串可以表示为""或' '

B．Python 的字符串可以混合使用正整数和负整数进行索引和切片

C．字符串'my\\text.dat'中第一个\表示转义字符

D．Python 字符串采用[N：M]格式进行切片，获取字符串从索引 N 到 M 的子字符串（包含 N 和 M）

（10）表达式 eval("500//10")的结果是哪一项？（   ）

A．500/10   B．50.0   C．50   D．"500//10"

3．编程题

（1）编写程序，给出一个英文句子，统计其单词个数。

（2）编写程序，给出一个字符串，将其中的字符"E"用空格替换后输出。

（3）从键盘获取交互式输入的一个 18 位的身份证号，以类似于"2001 年 09 月 12 日"的形式输出此人的出生日期。

第4章 Python 程序的流程

程序是由若干条语句组成的，用于实现一定的计算或处理功能。程序中的语句可以是一条语句，也可以是一个语句块（复合语句）。编写程序是为了解决特定的问题，这些问题有不同的输入形式，程序运行并处理后，形成结果并输出，所以，输入、处理、输出是程序的基本框架。在程序内部，存在逻辑判断与流程控制的问题。Python 的流程包括顺序、分支和循环 3 种结构。本章主要介绍 Python 程序的流程控制及其相关知识。

◇ 学习目标

（1）了解程序流程图的作用。
（2）掌握流程的顺序、分支和循环 3 种结构。
（3）掌握编程的基本思路和方法。
（4）掌握 break、continue、pass 等流程控制语句。

◇ 知识结构

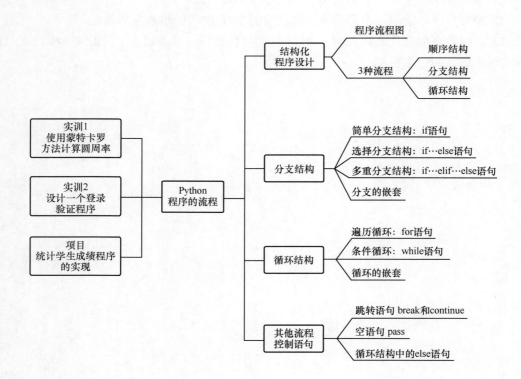

任务 4.1　结构化程序设计

【任务描述】

计算机程序设计方法主要分为面向过程和面向对象两种。面向对象程序设计在细节实现上，也需要面向过程的内容。结构化程序设计是公认的面向过程的编程方法，它按照自顶向下、逐步求精和模块化的原则进行程序的分析与设计。

本节任务是了解结构化程序设计的 3 种流程，掌握流程图的作用，从而提高程序设计的质量和效率、增强程序的可读性。

4.1.1　程序流程图

流程图是一种传统的、应用广泛的程序设计表示工具，也称程序框图。程序流程图表达直观、清晰，易于学习和掌握，独立于任何一种程序设计语言。除了程序流程图外，PAD 图、N-S 图也是程序的辅助设计工具。

构成程序流程图的基本元素包括控制流、处理流、判断框等，如图 4-1 所示。

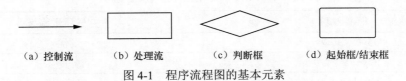

（a）控制流　　　（b）处理流　　　（c）判断框　　　（d）起始框/结束框

图 4-1　程序流程图的基本元素

4.1.2　结构化程序设计的 3 种流程

结构化程序设计包含 3 种基本流程：顺序结构、分支结构和循环结构，如图 4-2 所示。

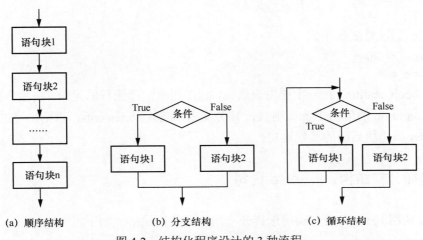

（a）顺序结构　　　　　（b）分支结构　　　　　（c）循环结构

图 4-2　结构化程序设计的 3 种流程

顺序结构是 3 种结构中最简单的一种，即语句按照书写的顺序依次执行；**分支结构**又称选择结构，它根据条件表达式的值来判断执行流程的哪一个分支；**循环结构**则是在一定条件下反复执行一段语句的流程结构。

程序的编写或执行以顺序结构为基础，但无论是面向对象的程序，还是面向过程的程序，在局部的语句块内部，仍然需要使用流程控制语句来编写程序，完成相应的逻辑功能。Python语言提供了实现分支结构的分支语句和实现循环结构的循环语句。

任务 4.2　应用分支结构实现流程控制

【任务描述】

Python 的 if 语句用来实现程序流程的分支。分支结构根据条件的个数可分成 3 类，如果是一个条件，则形成简单分支结构；如果是两个条件，则形成选择分支结构；如果是多个条件，则形成多重分支结构。分支结构还可以包含下一级的分支结构，形成分支的嵌套。

PM2.5 值是一个重要的测控空气污染程度的指标。本节任务是输入 PM2.5 值，通过分支结构的程序，根据表 4-1 输出相应的空气质量等级。

表 4-1　PM2.5 值对应的空气质量等级

PM2.5 值	空气质量等级
35（含）以下	优
35～75（含）	良
75～115（含）	轻度污染
115～150（含）	中度污染
150～250（含）	重度污染
250 以上	严重污染

4.2.1　简单分支结构：if 语句

if 语句的语法格式如下。

```
if <boolCondition>:
    <statements>
```

其中，boolCondition 是一个逻辑表达式，程序用来选择流程的走向。在程序执行过程中，如果 boolCondition 的值为 True，则执行 if 分支的语句块 statements；否则，绕过 if 分支，执行 statements 语句块后面的其他语句。

4.2.2　选择分支结构：if…else 语句

Python 使用 if…else 语句实现选择分支结构，其语法格式如下。

```
if <boolCondition>:
```

```
    <statements1>
else:
    <statements2>
```

在程序执行过程中，如果 boolCondition 的值为 True，则执行 if 分支的 statements1 语句块；否则执行 else 分支的 statements2 语句块。

选择分支结构的实现见例 4-1。

例 4-1　选择分支结构的实现

```
import math
n = 2022
if n<0:
    f = math.fabs(n)
else:
    f = math.sqrt(n)
print("计算的结果是: {:.2f}".format(f))
```

在例 4-1 中，根据给定的变量 n 的值，输出变量 f 的值。其中，import math 语句用来导入 Python 的内置模块 math，math 模块中的 fabs(n)函数用于计算 n 的绝对值，sqrt(n)函数用于计算 n 的平方根。

4.2.3　多重分支结构：if…elif…else 语句

多重分支结构是选择分支的扩展，程序根据条件判断执行相应的分支，但只执行第一个条件为 True 的语句块，即执行一个分支后，其余分支不再执行。如果所有条件均为 False，则执行 else 后面的语句块，else 分支是可选的。多重分支结构的语法格式如下。

```
if <boolCondition1>:
    <statements1>
elif <boolCondition2>:
    <statements2>
...
else:
    <statementsN>
```

根据月份计算该月天数的多重分支结构见例 4-2。

例 4-2　根据月份计算该月天数的多重分支结构

```
1   month = eval(input("请输入月份: "))
2   days = 0;
3
4   if (month == 1 or month == 3 or month == 5 or month == 7 or month == 8
5      or month == 10 or month == 12):
6       days = 31
7   elif(month == 4 or month == 6 or month == 9 or month == 11):
8       days = 30
9   else:
10      days = 28
11  print("{}月份的天数为{}".format(month, days))
```

可以看出，例 4-2 没有考虑闰年的情况。如果考虑闰年，需要在最后的 else 分支中，继续使用嵌套的分支结构来实现。

4.2.4　分支的嵌套

分支的嵌套指分支中还存在分支的情况，即 if 语句块中还包含着 if 语句。

下面以计算购书款为例。如果有会员卡，购书 5 本以上（包含 5 本），书款按 7.5 折结算，5 本以下，按 8.5 折结算；如果没有会员卡，购书 5 本以上（包含 5 本），书款按 8.5 折结算，5 本以下，按 9.5 折结算。使用嵌套的分支结构计算购书款见例 4-3。

例 4-3　使用嵌套的分支结构计算购书款

```
1    flag = 1                # flag = 1 表示有会员卡
2    books = 8               # 购书数量
3    price = 234             # 单价
4    actualpay = 0
5
6    if flag == 1:
7        if books >= 5:
8            actualpay = price*0.75*books
9        else:
10           actualpay = price*0.85*books
11   else:
12       if books >= 5:
13           actualpay = price*0.85*books
14       else:
15           actualpay = price*0.95*books
16
17   print("您的实际付款金额是： ",actualpay))
```

在例 4-3 中，读者可以尝试使用 input()函数输入不同的 flag、books、price 值，然后分别调试运行程序，查看各个分支的运行情况。

4.2.5　任务的实现

本小节任务是输入 PM2.5 值，根据表 4-1 输出对应的空气质量等级。实际上，这是一个多重分支结构的程序，要点如下。

（1）使用 input()函数接收用户输入，并使用 float()函数将输入的字符串形式的数据转换为浮点数。

（2）根据不同空气质量等级对应的 PM2.5 值区间，使用 if…elif…else 结构实现多重分支。多重分支结构一定要保证每个分支的覆盖范围既不重复，也不遗漏。

PM2.5 值对应的空气质量等级见例 4-4。

例 4-4　PM2.5 值对应的空气质量等级

```
1    pm = float(input("请输入 PM2.5 值： "))
2    if pm <= 35:
```

```
3        print("空气质量：优")
4    elif pm <= 75:
5        print("空气质量：良")
6    elif pm <= 115:
7        print("空气质量：轻度污染")
8    elif pm <= 150:
9        print("空气质量：中度污染")
10   elif pm <= 250:
11       print("空气质量：重度污染")
12   else:
13       print("空气质量：严重污染")
```

课堂练习

（1）条件判断由关系表达式或逻辑表达式实现，是分支或循环的基础，写出下面语句的运行结果。

```
>>> x = 5;y = 7
>>> print(x<3 or y <= 7)
>>> print(3<x <= 7)
>>> print(x%2 == 1)
>>> print(x%2 == 1 and y%2 == 0)
>>> print(x != y)
>>> print(not x == y)
```

（2）下面分支结构代码的运行结果是什么？

```
i = 3
j = 0
k = 3.2
if(i < k):
    if( i ==  j):
        print(i)
    else:
        print(j)
else:
    print(k)
```

任务 4.3　应用循环结构实现代码重复执行

【任务描述】

　　循环结构是在一定条件下，反复执行某段程序的控制结构，反复执行的语句块称为**循环体**。循环结构是非常重要的一种流程控制结构，它是由循环语句来实现的。Python 的循环结构包括 for 循环和 while 循环两种。

　　本节任务是使用 for 循环或 while 循环，统计一个字符串中小写字符、大写字符、数字、其他字符的个数。

4.3.1 遍历循环：for 语句

for 循环是 Python 中使用较广泛的一种循环，它是一种遍历循环，主要用于遍历一个序列，例如字符串、列表或字典等。

1. for 循环结构

for 循环的流程结构参见图 4-2（c），其语法格式如下。

```
for <var> in <seq>:
    <statements>
```

其中，var 是一个变量，seq 是一个序列。for 循环的执行次数是由序列中的元素个数决定的。可以认为 for 循环是从序列中逐一提取元素放在循环变量中，对序列中的每个元素执行一次循环体。序列可以是字符串、列表、文件或 range()函数等。Python 经常使用的遍历方式如下。

- 有限次遍历

```
for i in range(n):  # n为遍历次数
    <statements>
```

- 遍历文件

```
for line in myfile: # myfile 为引用文件的变量
    <statements>
```

- 遍历字符串

```
for ch in mystring: # mystring 为字符串变量
    <statements>
```

- 遍历列表

```
for item in mylist: # mylist 为列表变量
    <statements>
```

2. range()函数

range()函数是 Python 的内置函数，它返回一个可迭代对象，在 for 循环中经常使用。使用 list()函数可将 range()函数返回的对象转化为列表。range()函数的语法格式如下。

```
range(start, stop[, step])
```

函数的参数说明如下。

- start：计数从 start 开始（默认是从 0 开始）。例如，range(5)等价于 range(0,5)。
- stop：计数到 stop 结束，但不包括 stop。例如，range(0,5)的遍历范围是[0,1,2,3,4]，不包括 5。
- step：步长（默认为 1）。例如，range(0,5)等价于 range(0,5,1)。

例 4-5 为 range()函数的应用，即使用 list()函数将 range()函数返回的对象转化为列表。

例 4-5　range()函数的应用

```
>>> x = range(10)
>>> print(x)
range(0, 10)
```

```
>>> type(x)
<class 'range'>
>>>list(range(10))           # 从 0 到 9
[0, 1, 2, 3, 4, 5, 6, 7, 8, 9]
>>> list(range(1,11))        # 从 1 到 10
[1, 2, 3, 4, 5, 6, 7, 8, 9, 10]
>>> list(range(0,30,5))      # 步长为 5
[0, 5, 10, 15, 20, 25]
>>> list(range(0,10,3))      # 步长为 3
[0, 3, 6, 9]
>>> list(range(0,-10,-1))    # 步长为负数
[0, -1, -2, -3, -4, -5, -6, -7, -8, -9]
```

3. for 循环示例

例 4-6 使用 for 循环计算 1～100 中被 3 整除的数之和，表达式 i%3 == 0 用于判断变量 i 是否能被 3 整除。

例 4-6　计算 1～100 中被 3 整除的数之和

```
s = 0
for i in range(1,100):
    if i%3 == 0:
        s += i
        print(i)
print(s)
```

例 4-7 计算阶乘之和，使用 def 语句定义函数 factorial(n)，函数的功能是实现阶乘。主程序实现的是累加运算。注意比较累加和阶乘实现的区别。

例 4-7　计算 1!+2!+…+5!

```
1    '''计算 1!+2!+…+5!'''
2    def factorial(n):        # 计算阶乘的函数
3        t = 1
4        for i in range(1,n+1):
5            t = t * i
6        return t
7    # 计算阶乘之和
8    k = 6
9    sum1 = 0
10   for i in range(1,k):
11       sum1 += factorial(i)
12   print("1!+2!+…+5!= ",sum1)
```

4.3.2　条件循环：while 语句

程序有时需要根据条件判断是否循环执行，当不满足条件时，循环结束。这种循环结构可以用 while 语句实现，其语法格式如下。

```
while <boolCondition>:
    <statements>
```

其中，boolCondition 为逻辑表达式，statements 语句块是循环体。

while 语句的执行过程是先判断逻辑表达式的值，若为 True，则执行循环体，循环体执行完成后再转向逻辑表达式进行计算与判断；若为 False，则跳过循环体，执行循环体外的语句。

例 4-8 将一个列表中的元素进行头尾置换，即列表中第 1 个元素和倒数第 1 个元素交换，第 2 个元素和倒数第 2 个元素交换，依次进行，最后打印输出列表。

例 4-8　使用 while 循环实现列表中的元素进行头尾置换

```
1    lst = [1,3,7,-23,34,0,23,2,9,7,79]
2
3    head = 0
4    tail = len(lst)- 1
5    while head <len(lst)/2 :
6        lst[head],lst[tail] = lst[tail],lst[head]      # 头尾置换
7        head += 1   # 调整头指针后移
8        tail -= 1   # 调整尾指针前移
9
10   for item in lst:
11       print(item, end = "  ")
```

语句 lst[head], lst[tail] = lst[tail], lst[head]也可以用下面的语句来替换。

```
temp = lst[head]
lst[head] = lst[tail]
lst[tail] = temp
```

由于例 4-8 的操作数据是个列表，因此循环执行的次数也可以用 for 循环来遍历，具体见例 4-9。因为 range()函数的参数必须是整数，所以使用 int()函数进行转换。

例 4-9　使用 for 循环实现例 4-8

```
1    lst = [1,3,7,-23,34,0,23,2,9,7,79]
2    head = 0
3    tail = len(lst)- 1
4    for head in range(0, int(len(lst)/2)):
5        lst[head], lst[tail] = lst[tail], lst[head]
6        head += 1
7        tail -= 1
8
9    for item in lst:
10       print(item, end = "  ")
```

4.3.3　循环的嵌套

无论是 for 循环还是 while 循环，其中都可以再包含循环，从而构成循环的嵌套。例 4-7 通过函数 factorial(n)计算阶乘，然后再计算阶乘之和。下面使用嵌套的二重循环来计算阶乘之和，具体见例 4-10。

例 4-10　使用嵌套的 for 循环计算 1!+2!+⋯+n!

```
1    k = eval(input("请输入计算阶乘的数值:"))
```

```
2       sum1 = 0
3       for i in range(1,k+1):
4           t = 1
5           for j in range(1,i+1):
6               t *= j
7           sum1 += t
8       print(sum1)
```

for 循环和 while 循环有时也可以相互替代，下面使用嵌套的 while 循环计算阶乘之和，具体见例 4-11。

例 4-11　使用嵌套的 while 循环计算 1!+2!+⋯+n!

```
1       k = eval(input("请输入计算阶乘的数值： "))
2       sum1 = 0
3       i = 1
4       while i <= k:
5           t = j = 1
6           while j <= i:
7               t *= j
8               j += 1
9
10          sum1 += t
11          i += 1
12
13      print(sum1)
```

4.3.4　任务的实现

本小节任务是统计一个字符串包含的小写字符、大写字符、数字、其他字符的个数，思路是应用循环结构遍历字符串，要点如下。

（1）使用 input()函数接收用户输入的字符串。

（2）定义 4 个计数器变量：num_lower、num_upper、num_digit、other，分别存放小写字符、大写字符、数字、其他字符的个数。

（3）for n in s 为字符串遍历语句，执行时依次从字符串 s 中取出每个字符放入变量 n 中，并执行一次循环体。

（4）使用分支语句判断字符是否为小写、大写或数字，并进行统计。

统计字符串中小写字符、大写字符、数字、其他字符的个数见例 4-12。

例 4-12　统计字符串中小写字符、大写字符、数字、其他字符的个数

```
1       s = input("请输入一串字符: ")
2       num_lower = num_upper = num_digit = other = 0
3       for n in s:
4           if 'a' <= n <= 'z':
5               num_lower += 1
6           elif 'A' <= n <= 'Z':
7               num_upper += 1
```

```
8         elif '0' <= n <= '9':
9             num_digit += 1
10        else:
11            other += 1
12    print("在字符串\"{}\"中：\n 小写字符{}个\n 大写字符{}个\n 数字{}个\n 其他字符{}个
".format(s,num_lower,num_upper,num_digit,other))
```

判断大小写字符和数字，还可以通过字符串操作函数完成，代码如下。

```
for n in s:
    if n.islower():
        num_lower += 1
    elif n.isupper():
        num_upper += 1
    elif n.isdigit():
        num_digit += 1
    else:
        other += 1
```

课堂练习

（1）下面代码的运行结果是什么？

```
for i in [-1,0,1]:
    print(i+2,end = " ")
```

（2）下面代码的运行结果是什么？

```
i = s = 0
while i <= 10:
    s += i
    i += 1
print(s)
```

任务 4.4 更灵活的流程控制

【任务描述】

流程控制语句还包括 break、continue、pass、else 等。在循环中使用这些语句，可以更方便地控制程序的流程。

本节的任务是统计或计算从键盘输入的若干个数据。如果输入正数，则求平均值；如果输入负数，则统计个数；如果输入"0"，则结束程序运行。

4.4.1 跳转语句

跳转语句用来实现程序执行过程中流程的转移，主要包括 break 语句和 continue 语句。

1. break 语句

break 语句的作用是从循环体内部跳出，即结束循环。break 语句也被称为断路语句，就是中断循环，不再执行循环体。

应用 break 语句求一个数的最大真约数见例 4-13。

例 4-13　应用 break 语句求一个数的最大真约数

```
num = int(input("请输入数值: "))
i = num//2                      # 等价于 i = int(num/2)
while i>0:
    if num%i == 0: break
    i -= 1
print("{}的最大真约数为: {}".format(num,i))
```

一个数的最大真约数不会大于这个数的 1/2，所以，从输入数据的 1/2 开始测试。如果能整除，这个数就是最大真约数，程序中断；否则，减 1 后继续测试，直到程序执行完毕。

2. continue 语句

continue 语句必须用于循环结构中，它的作用是终止当前这一轮的循环，跳过本轮剩余的语句，直接进入下一轮循环。continue 语句有时也被称为短路语句，是只对本次循环短路，并不终止整个循环。

应用 continue 语句求输入数值中正数之和见例 4-14。

例 4-14　应用 continue 语句求输入数值中正数之和

```
s = 0
for i in range(6):
    x = eval(input("请输入数值:     "))
    if x<0:continue
    s += x

print("正数之和是:  ",s)
```

4.4.2　pass 语句

pass 语句的含义是空语句，主要是为了保持程序结构的完整性。pass 语句一般用作占位语句，不影响其后语句的执行。pass 语句的应用见例 4-15。

例 4-15　pass 语句的应用

```
for i in [1,4,7,8,9]:
    if i%2 == 0:
        pass    # 此处可用来添加偶数处理的代码

        continue
    print("奇数",i)
```

这个程序的功能是打印列表中的奇数，运行结果如下。

```
>>>
奇数 1
奇数 7
奇数 9
```

如果程序省略了 pass 语句，运行结果没有任何变化；但使用 pass 语句，可以用来添加偶数处理的代码的占位符，提高了程序的可读性。

4.4.3 循环结构中的 else 语句

在除 Python 外的各种计算机语言中，else 语句主要用在分支结构中。在 Python 中，for 循环、while 循环、异常处理结构中都可以使用 else 语句。循环结构中的 else 语句会在循环正常结束后被执行，具体见例 4-16，也就是说，如果有 break 语句，也会跳过 else 语句。

例 4-16　在循环结构中使用 else 语句

```
str1 = "Hi,Python"
for ch in str1:
    print(ch,end = "")
else:
    print("字符串遍历结束")
```

程序运行结果如下。

```
>>>
Hi,Python 字符串遍历结束
```

else 语句用在二重循环中，有时可以使程序更简洁，具体见例 4-17。列出 50 以内的质数，内层循环用于判断一个数是否为质数，如果循环正常结束，表明该数为质数。使用 else 语句向列表中添加这个元素，否则在外层循环继续判断下一个数。

例 4-17　在二重循环中使用 else 语句

```
num = [];
i = 2
for i in range(2,50):
    j = 2
    for j in range(2,i):
        if(i%j == 0):
            break
    else:
        num.append(i)
print(num)
```

程序运行结果如下。

```
>>>
[2, 3, 5, 7, 11, 13, 17, 19, 23, 29, 31, 37, 41, 43, 47]
```

4.4.4 任务的实现

本小节任务是接收从键盘输入的若干个数据，计算或统计，要点如下。

（1）因为输入若干个数据，循环数未知，所以可以使用 while True 循环。

（2）初始化求和变量 total、计数器变量 positive 和 negative 的值为 0。

（3）在循环体内接收用户输入，并根据输入数据值判断程序走向。

（4）使用表达式 total/positive 计算平均值，并控制打印格式。

输入数据的计算或统计见例 4-18。

例 4-18　输入数据的计算或统计

```
1   total = positive = negative = 0
2   while True:
3       infor = input("请输入数值，输入 0 退出: ")
4       num = eval(infor)
5       if num == 0:
6           break
7       elif num<0:
8           negative = negative+1
9       elif num>0:
10          positive = positive+1
11          total += num
12
13  print("正数的平均值是: {:.2f}".format(total/positive),
14        "负数的个数是: {}".format(negative))
```

例 4-18 中的循环部分可以使用下面的代码实现，请读者自行修改并调试程序。

```
total = positive = negative = 0
infor = input("请输入数值数据，输入 0 退出: ")
while eval(infor) != 0:
    ……
```

课堂练习

（1）下面代码的运行结果是什么？

```
for i in range(4):
    if i == 3:
        break
    print(i)
print(i)
```

（2）请描述下面代码的功能。

```
while True:
    guess = eval(input())
    if guess == 0x2a//2:
        break
print(guess)
```

实　训

实训 1　使用蒙特卡罗方法计算圆周率

【训练要点】

（1）理解蒙特卡罗方法。蒙特卡罗方法使用随机数和概率来求解问题，该方法在数学、物理和化学等领域有着广泛的应用。

（2）学习使用循环结构和分支结构设计程序，使用 random 模块中的 random()函数产生随机数。

【需求说明】

（1）使用蒙特卡罗方法计算圆周率 π，需要绘制一个圆及其外接正方形，如图 4-3 所示。假设圆的半径是 1，那么圆的面积是 π，外接正方形的面积是 4。在正方形内任意产生一个点，该点落在圆内的概率是：圆面积/正方形面积，即 π/4。

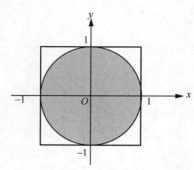

图 4-3　绘制一个圆及其外接正方形

（2）编程实现圆周率计算，在正方形内随机产生 10000 个点，点落在圆内的数量用 n 表示。因此，n 的值约为 $10000 \times \pi/4$，则 π 的值为 $4 \times n/10000$。

（3）判断点(x, y)落在圆内的公式是 $x^2+y^2 <= 1$，产生随机数使用 random()函数。

【实现要点】

（1）初始化落在圆内的点数 $n = 0$。

（2）在循环体内，使用 random()函数产生 10000 个点，每个点坐标为(x, y)。

（3）使用公式 $x^2+y^2 <= 1$ 判断点(x, y)是否落在圆内。如果落在圆内，则 n 值加 1。

（4）π 值由 $4 \times n/10000$ 计算得到。

（5）打印输出。

【实训提示】

random 模块是 Python 的标准模块，需要导入后使用。其中的 random()函数产生随机数返回一个介于左闭右开[0.0,1.0)区间的浮点数，详见第 7 章。

【代码实现】

```
1   import random
2   NUMBER = 10000
3   n = 0
4   for i in range(NUMBER):
5       x = random.random() * 2 - 1
6       y = random.random() * 2 - 1
7       if ((x * x + y * y) <= 1):
8           n += 1
9   pi = 4.0 * n / NUMBER
10  print("使用蒙特卡罗方法计算圆周率的值是：",pi)
```

实训 2　设计一个登录验证程序

【训练要点】

（1）理解循环结构程序的思想方法。

（2）学习在循环中使用 break 语句和 else 语句。

【需求说明】

（1）输入用户名和密码。

（2）输入正确，显示"登录成功"；输入错误，给出提示信息，并限制最多输入错误 3 次。

【实现要点】

（1）初始化输入次数计数器变量 count 为 0，循环语句 while count<3 使用户最多能够输入 3 次，否则循环结束。

（2）如果输入的用户名或密码错误，则 count 加 1，累计输入次数；如果输入正确，程序给出提示信息后，使用 break 语句退出 while 循环。

（3）在循环结构中使用 else 语句，当输入次数等于 3 时，while 循环正常结束，然后执行 else 语句块的 print 语句，输出"3 次输入错误，退出程序"的提示信息。

【代码实现】

```
1   count = 0
2   while count<3:
3       username = input("请输入用户名：")
4       psw = input("请输入密码：")
5       if username == "python" and psw == "123456":
6           print("登录成功")
7           break
8       else:
9           count += 1
10          print("用户名或密码错误")
11  else:
12      print("3 次输入错误，退出程序")
```

从上述代码可以看出，在 Python 的循环结构中灵活应用 else 语句，程序的设计更为简洁。

项目　统计学生成绩程序的实现

【项目描述】

交互式输入若干个成绩值，计算输入成绩的最高分、最低分和平均分。

【项目分析】

统计学生成绩，需要考虑以下问题。

（1）因为输入的数据个数未知，需要循环累加并计数。

（2）需要设定程序结束条件，本项目设定输入–1 结束程序。

（3）需要考虑成绩有效性，如果无效，使用 continue 结束本次循环，重新输入。本项目设定数据有效值为 0～100。

（4）计算最高分（即最大值）和最低分（即最小值）时，定义两个变量 smax 和 smin，通过循环比较，始终保存当前的最大值和最小值。

【程序代码】

```
1    total = cnt = 0          # 用于累加和计数
2    smax = 0                 # 最高分
3    smin = 100               # 最低分
4    score = eval(input("请输入成绩值0~100, -1 结束:"))
5
6    while (score != -1):
7        if (score<0 or score>100):
8             print("成绩无效")
9             score = eval(input("请输入成绩值0~100, -1 结束:"))
10            continue
11        total += score
12        cnt += 1
13        if score>smax:
14            smax = score
15        if score<smin:
16            smin = score
17        score = eval(input("请输入成绩值0~100,-1 结束:"))
18   print("最高分:{}".format(smax))
19   print("最低分:{}".format(smin))
20   print("平均分:{:.2f}".format(total/cnt))
```

程序的某一次运行结果如下。

```
>>>
请输入成绩值0~100, -1 结束:65
请输入成绩值0~100, -1 结束:55
请输入成绩值0~100, -1 结束:45
请输入成绩值0~100, -1 结束:102
成绩无效
请输入成绩值0~100, -1 结束:30
请输入成绩值0~100, -1 结束:-1
最高分:65
最低分:30
平均分:48.75
>>>
```

小　结

结构化程序设计包括顺序结构、分支结构和循环结构 3 种基本流程。

Python 使用 if 语句来实现分支结构，使用 for 语句和 while 语句来实现循环结构。分支结构和循环结构都可以嵌套。

跳转语句包括 break 语句和 continue 语句，break 语句的作用是从循环体内部跳出；continue 语句必须用于循环结构中，它的作用是跳过当前循环，进入下一轮循环。pass 语句的含义是空语句，主要是为了保持程序结构的完整性。

本章介绍了 range() 函数，该函数返回一个可迭代对象。本章还使用了 math 模块的 fabs() 函数和 sqrt() 函数，使用了内置函数 int()。

本章内容是编程的基础，读者需要通过不断地书写程序和阅读程序来提高自身的编程能力。

课后习题

1. 简答题

（1）程序流程图包括哪些元素？

（2）pass 语句的作用是什么？

（3）跳转语句 break 和 continue 的区别是什么？

（4）简述 for 循环和 while 循环的执行过程。

2. 选择题

（1）下列选项中，**不属于** Python 循环结构的是哪一项？（　　）

A．for 循环　　　　　B．while 循环　　　C．do…while 循环　　D．嵌套的 while 循环

（2）以下代码的运行结果是哪一项？（　　）

```
x = 2
y = 2.0
if x == y:
    print("Equal")
else:
    print("Not Equal")
```

A．Equal　　　　　B．Not Equal　　　C．运行异常　　　　D．以上结果都不对

（3）以下代码的运行结果是哪一项？（　　）

```
x = 2
if x:
    print(True)
else:
    print(False)
```

A．True　　　　　B．False　　　　C．运行异常　　　　D．以上结果都不对

（4）关于下面代码的叙述，正确的是哪一项？（　　）

```
x = 0
while x<10:
    x += 1
    print(x)
    if x>3:
        break
```

A．代码编译异常　　B．输出：0 1 2　　C．输出：1 2 3　　D．输出：1 2 3 4

（5）以下代码的运行结果是哪一项？（　　　）

```
a = 17
b = 6
result = a%b if(a%b>4) else a/b
print(result)
```

A．0   B．1   C．2   D．5

（6）求两个数值 *x*、*y* 中的最大数，下列**不正确**的是哪一项？（　　　）

A．result = x if x>y else y   B．result = max(x,y)

C．if x>y:result = x   D．if y >= x:result = y

  else:result = y   result = x

（7）在 Python 中，使用 for…in 方式形成的循环**不能**遍历的类型是哪一项？（　　　）

A．字典   B．列表   C．整数   D．字符串

（8）以下关于 Python 循环结构的描述中，**错误**的是哪一项？（　　　）

A．continue 语句只结束本次循环

B．遍历循环中的遍历结构可以是字符串、文件、组合数据类型和 range()函数等

C．Python 使用 for、while 等保留字构建循环结构

D．break 语句用来结束当前当次语句，不跳出当前的循环体

（9）以下关于"for <循环变量> in <循环结构>"的描述中，**不正确**的是哪一项？（　　　）

A．循环体中不能有 break 语句，会影响循环次数

B．<循环结构>使用 [1,2,3]和 ['1','2','3']，循环次数是一样的

C．使用 range(a,b)函数指定 for 循环的循环变量取值是 *a* 到 *b*−1

D．for i in range(1,10,2)表示循环 5 次，i 的值是从 1 到 9 的奇数

（10）以下代码的运行结果是哪一项？（　　　）

```
s = "北京,上海,广州,深圳,"
print(s.strip(",").replace(",",";"))
```

A．北京 上海 广州 深圳   B．北京;上海;广州;深圳,

C．北京;上海;广州;深圳;   D．北京;上海;广州;深圳

3．阅读程序

（1）下面程序的功能是什么？

```
a,b = 2,1
sum = 0
for i in range(20):
    sum += a/b
    t = a
    a = a+b
    b = t
print(sum)
```

（2）下面程序的输出结果是什么？

```
for i in range(1,8):
    if i%4 == 0:
        break
```

```
    else:
        print(i,end = ",")
```

（3）下面程序的输出结果是什么？

```
x = "god"
y = ""
for i in x:
     y += str(ord(i)-ord('a'))
print(y)
```

4. 编程题

（1）给定字符串 s，对其中的每一个字符 c 进行大小写转换：如果 c 是大写字母，则将它转换成小写字母；如果 c 是小写字母，则将它转换成大写字母；如果 c 不是字母，则不进行转换。

（2）输入一个整数，将各位数字反转后输出。

（3）计算 $1^2-2^2+3^2-4^2+\cdots+97^2-98^2+99^2$。

（4）一个数如果恰好等于它的因子之和，这个数就称为"完数"。例如，6 的因子为 1、2、3，而 $6 = 1+2+3$，因此 6 就是"完数"。请编程找出 100 内的所有完数。

（5）输入两个正整数 m 和 n，求其最大公约数和最小公倍数。

（6）输入一元二次方程的 3 个系数 a、b、c，求方程 $ax^2+bx+c = 0$ 的根。

第 5 章 Python 的组合数据类型

除了整数类型、浮点数类型等基本的数据类型外，Python 还提供了列表、元组、字典、集合等组合数据类型。组合数据类型将不同类型的数据组织在一起，用于实现更复杂的数据表示或数据处理功能。

根据数据之间的关系，组合数据类型可以分为 3 类：序列类型、映射类型和集合类型。序列类型包括列表、元组和字符串 3 种；映射类型用键值对表示数据，典型的映射类型是字典；集合类型数据中的元素是无序的，集合中不允许有相同的元素存在。

◇ 学习目标

（1）理解各种组合数据类型的意义和作用。
（2）重点掌握列表、元组、字典等组合数据类型。
（3）应用组合数据类型实现较复杂的程序。
（4）了解集合类型的基本操作。

◇ 知识结构

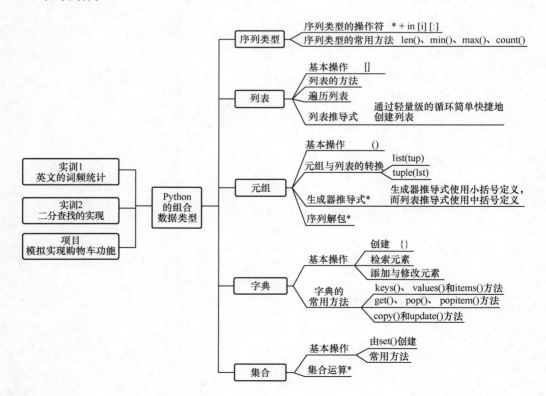

任务 5.1　序列类型

【任务描述】

序列类型的元素之间存在先后关系。序列类型包括列表、元组和字符串 3 种，这 3 种类型的操作方法类似。

本节任务是使用序列类型的操作符判断一个字符串是否为回文，并统计字符串中的字符数。

5.1.1　序列类型的操作符

Python 中典型的序列类型包括列表（list）、元组（tuple）和字符串（str），可以通过索引来访问。当需要访问序列中的某个元素时，只要找出其索引即可。

序列类型支持成员关系操作符（in）、切片运算符（[]），序列中的元素也可以是序列类型。

字符串可以看作单一字符的有序组合，属于序列类型。由于字符串类型十分常用且单一字符串只能表达一个含义，也被看作基本的数据类型。本章学习列表和元组两种序列类型。任何一种序列类型都可以使用正向递增和反向递减的索引体系，索引可以非常容易地查找序列中的元素。序列类型元素的正向索引和反向索引如图 5-1 所示。

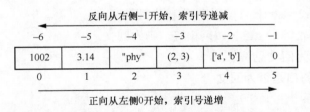

图 5-1　序列类型元素的正向索引和反向索引

序列类型的常用操作符见表 5-1，其中，s 和 t 是序列，x 是引用序列元素的变量，i、j 和 k 是序列的索引，这些操作符是学习列表和元组的基础。

表 5-1　序列类型的常用操作符

操作符	功能描述
x in s	如果 x 是 s 的元素，返回 True，否则返回 False
x not in s	如果 x 不是 s 的元素，返回 True，否则返回 False
s+t	返回 s 和 t 的连接
s*n	将序列 s 复制 n 次
s[i]	索引，返回序列 s 的第 i 项元素
s[i:j]	切片，返回包含序列 s 第 i 项到第 j 项元素的子序列（不包含第 j 项元素）
s[i:j:k]	返回包含序列 s 第 i 项到第 j 项元素中以 k 为步长的子序列

5.1.2 序列类型的常用方法

字符串是一种序列类型，表 5-2 列出的序列类型的常用方法在字符串中已经使用，这些方法也适用于列表和元组。

表 5-2 序列类型的常用方法

方法	功能描述
len(s)	返回序列 s 的元素个数（长度）
min(s)	返回数值序列或字符串序列 s 中的最小元素
max(s)	返回数值序列或字符串序列 s 中的最大元素
s.index(x[,i[,j]])	返回序列 s 中第 i 项到第 j 项元素中第一次出现元素 x 的位置
s.count(x)	返回序列 s 中出现 x 的总次数

5.1.3 任务的实现

本小节的任务是判断一个字符串是否为回文，灵活使用切片操作符即可，实现要点如下。使用 len()函数计算序列中的字符数。

（1）为变量 str1 赋值一个字符串。

（2）定义变量 str2 = str1[::-1]，实现字符串翻转。

（3）判断 str1 是否等于 str2，如果相等，则为回文。

判断字符串是否为回文见例 5-1。

例 5-1 判断字符串是否为回文

```
str1 = "雾锁山头山锁雾"
str2 = str1[::-1]
if (str1 == str2):print("{}:是回文".format(str1))
print("{}长度是:{}".format(str1,len(str1)))
```

课堂练习

（1）下面代码应用了序列类型的操作符，运行结果是什么？

```
>>> str = "I love Python"
>>> print(str[4])
>>> print(str[-4])
>>> print(str[-4:-2])
>>> print(str*2)
>>> print(str+" 3")
>>> print(str[::-1])
```

（2）下面代码应用了序列类型的常用方法，运行结果是什么？

```
>>> str = "I love Python"
>>> len(str)
>>> max(str
>>> str.count("o")
>>> str.index("o",4)
```

任务 5.2　使用列表管理数据

【任务描述】

　　列表是 Python 中最常用的序列类型，列表中的元素（又称数据项）可以是不同的类型。创建列表时，只要把逗号分隔的元素使用中括号括起来即可。列表是可变的，用户可在列表中任意增加元素或删除元素，还可对列表进行遍历、排序、反转等操作。

　　列表可以实现一些复杂的运算。本节任务是利用选择法排序，将一个列表中的数据按从小到大的顺序排列。

5.2.1　列表的基本操作

　　列表是一种序列类型，标记"[]"可以创建列表。使用序列的操作符和方法可以完成列表的切片、检索、计数等基本操作，具体见例 5-2。

　　例 5-2　列表的基本操作

```
>>> lst1 = []              # 创建空列表
>>> lst2 = ["python",12,2.71828,[0,0],12] # 创建由不同类型元素组成的列表
>>> lst3 = [21,10,55,100,2]

>>> "python" in lst2
True
>>> lst2[3]                # 通过索引访问列表中的元素
[0, 0]
>>> lst2[1:4]              # 通过切片访问列表中的元素
[12, 2.71828, [0, 0]]
>>> lst2[-4:-1]            # 通过切片访问列表中的元素
[12, 2.71828, [0, 0]]

>>> len(lst2)              # 计算列表的长度
5
>>> lst2.index(12)         # 检索元素在列表中的位置
1
>>> lst2.count(12)         # 计算元素出现的次数
2
>>> max(lst3)
100
```

5.2.2　列表的方法

除了使用序列操作符和方法操作列表外，列表还有常用操作符和方法，见表 5-3，它们的主要功能是完成列表元素的增、删、改、查，其中，ls、lst 分别为两个列表，x 是列表中的元素，i 和 j 是列表的索引。

表 5-3　列表的常用操作符和方法

操作符或方法	功能描述
ls[i] = x	将列表 ls 的第 i 项元素替换为 x
ls[i:j] = lst	用列表 lst 替换列表 ls 中第 i 项到第 j 项元素（不含第 j 项）
ls[i:j:k] = lst	用列表 lst 替换列表 ls 中第 i 项到第 j 项以 k 为步长的元素（不含第 j 项）
del ls[i:j]	删除列表 ls 中第 i 项到第 j 项元素
del ls[i:j:k]	删除列表 ls 中第 i 项到第 j 项以 k 为步长的元素
ls += lst 或 ls.extend(lst)	将列表 lst 的所有元素追加到列表 ls 中
ls *= n	更新列表 ls，其元素重复 n 次
ls.append(x)	在列表 ls 最后增加一个元素 x
ls.clear()	删除列表 ls 中的所有元素
ls.copy()	复制生成一个包括 ls 中所有元素的新列表
ls.insert(i,x)	在列表 ls 的第 i 个位置增加元素 x
ls.pop(i)	返回列表 ls 中的第 i 项元素并删除该元素
ls.remove(x)	删除列表 ls 中出现的第一个 x 元素
ls.reverse()	反转列表 ls 中的元素
ls.sort()	排序列表 ls 中的元素

列表常用方法的应用见例 5-3。

例 5-3　列表常用方法的应用

```
# 初始化 3 个列表
>>> lst2 = ["python",12,2.71828,[0,0],12]
>>> lst3 = [21,10,55,100,2]
>>> lst = ['aaa','bbb']
# 替换列表元素
>>> lst2[2] = 3.14
>>> lst2
['python', 12, 3.14, [0, 0], 12]
>>> lst2[0:3] = lst
>>> lst2
['aaa', 'bbb', [0, 0], 12]
```

```
# 追加（合并）列表
>>> lst2 += lst3
>>> lst2
['aaa', 'bbb', [0, 0], 12, 21, 10, 55, 100, 2]
>>> del lst2[:3]      # 删除索引为 0、1、2 的 3 个列表元素
>>> lst2
[12, 21, 10, 55, 100, 2]
>>> lst2.append(99)  # 追加列表元素
>>> lst2
[12, 21, 10, 55, 100, 2, 99]
>>> lst4 = lst2.copy()   # 复制列表
>>> lst4
[12, 21, 10, 55, 100, 2, 99]
>>> lst4.clear()           # 清除列表
>>> lst4
[]
>>> lst2.pop(6)            # 返回列表指定位置上的元素，并删除该元素
99
>>> lst2
[12, 21, 10, 55, 100, 2]
>>> id(lst2)
55026272
>>> lst2.reverse()        # 反转列表
>>> lst2
[2, 100, 55, 10, 21, 12]
>>> id(lst2)
55026272
>>> lst2.sort()           # 排序列表
>>> lst2
[2, 10, 12, 21, 55, 100]
>>> id(lst2)
55026272
```

5.2.3　遍历列表

遍历列表可以逐个处理列表中的元素，通常使用 for 循环和 while 循环来实现。例 5-4 使用 for 循环遍历列表中的所有元素，显示时以逗号分隔。

例 5-4　使用 for 循环遍历列表

```
lst = ['primary school', 'secondary school', 'high school', 'college']
for item in lst:
    print(item, end = ",")
```

使用 while 循环遍历列表，需要先获取列表的长度，将获得的长度作为循环的条件。例 5-5 首先构造一个初始值为 2、步长为 3、终值为 21 的列表，即[2,5,8,11,14,17,20]，然后在 while 循环中遍历，将计算得到的新值添加到空列表 result 中。

例 5-5　使用 while 循环遍历列表

```
lst = list(range(2,21,3))
```

```
i = 0
result = []
while i<len(lst):
    result.append(lst[i]*lst[i])
    i += 1
print(result)
```

5.2.4　列表推导式

列表推导式可以方便地创建列表，在 Python 编程中经常使用。实际上，**列表推导式**就是通过轻量级的循环简单快捷地创建列表，主要有以下几种方法。

1.　使用 for 循环创建列表

例如，创建一个 0~10 的列表，代码如下。

```
>>> alist = [x for x in range(11)]
>>> alist
[0, 1, 2, 3, 4, 5, 6, 7, 8, 9, 10]
```

可以看出，列表推导式的格式是把需要生成的元素放在前面，其后紧接着 for 循环，并将列表推导式放到列表标记[]中。上面的列表推导式代码等价于下面的代码，且上面的代码更加简洁。

```
alist = []
for x in range(10):
    alist.append(x)
```

2.　在循环中使用 if 分支创建列表

例如，创建一个 1~10 偶数平方的列表，代码如下。

```
>>> blist = [x*x for x in range(11) if x%2 == 0]
>>> blist
[0, 4, 16, 36, 64, 100]
```

上面的列表推导式代码等价于下面的代码。

```
blist = []
for x in range(11):
    if x%2  ==  0:
        blist.append(x*x)
```

3.　使用多重循环创建列表

在列表推导式中，可以使用多重循环创建列表。例如，使用二重循环创建列表的代码如下。

```
>>> clist = [(x,y) for x in range(1,4) for y in range(10,40,10)]
>>> clist
[(1, 10), (1, 20), (1, 30), (2, 10), (2, 20), (2, 30), (3, 10), (3, 20), (3, 30)]
```

4.　在列表推导式中使用内置函数或自定义函数

例如，将列表中的所有字符转换成小写形式，代码如下。

```
>>> lst = ['Spring','Summer','Autumn','Winter']
>>> [season.lower() for season in lst]
['spring', 'summer', 'autumn', 'winter']
```

列表推导式还可应用于矩阵、文件迭代等方面，请读者自行查阅相关文档。

5.2.5　任务的实现

排序是程序设计的重要内容，通常需要借助组合数据类型（例如列表）来实现。选择法是排序的一种常见方法，本小节任务是利用选择法将列表中的数据按从小到大的顺序排列，要点如下。

（1）给出存放 N 个数据的列表 numbers。

（2）外层 for 循环遍历列表 numbers 中除了最后一个元素外的每个元素，选择法排序不需要比较最后一个元素。

（3）内层 for 循环求出第 i+1 个数到最后一个数中的最小值，将最小值与第 i 个数互换，这是选择法排序的基本思想，即每次循环使一个数放置在正确的位置。

（4）在内层循环中，找出第 i+1 个数到最后一个数中的最小值，记录最小值的索引，赋值给变量 min。循环结束后，将第 i 个数 numbers[i] 与最小值 numbers[min] 互换，则索引 i 位置的数字为正确排序后的结果。

使用选择法排序列表中的数据见例 5-6。

例 5-6　使用选择法排序列表中的数据

```
1   numbers = [35,22,-12.3,0,9,7,12,7,22]
2   N = len(numbers)
3   print(numbers)
4   for i in range(N-1):
5       min = i
6       for j in range(i+1,N):
7           if numbers[j]<numbers[min]:
8               min = j
9       numbers[i], numbers[min] = numbers[min], numbers[i]
10  print(numbers)
```

课堂练习

（1）下面是关于列表的代码，运行结果是什么？

```
>>> lst = ['1016501', 'Helen', "Korea", [["Math",74], ["phy",89]], False]
>>> lst.append(21)
>>> print(lst)
>>> lst.insert(2,"female")
>>> lst.extend(["Eng",62])
>>> print(lst)
>>> lst[3:5] = "Lanzhou",20
>>> print(lst)
```

（2）下面代码涉及列表推导式的应用，运行结果是什么？

```
>>> vector1 = [x for x in range(-5,10,2)]
>>> print(vector1)
>>> vector2 = "".join([chr(ord('a')+x) for x in range(26)])
>>> vector2
>>> print(vector1[:6])
```

使用元组管理不可变数据

【任务描述】

元组是包含 0 个或多个元素的不可变序列类型。元组生成后是固定的，其中的任意元素都不能被替换或删除。元组与列表的区别在于元组中的元素不能被修改。创建元组时，只要将元组的元素用小括号括起来，并使用逗号隔开即可。

本节任务是给出一组包含若干个整数的元组 numbers，计算这组数的和、平均值、方差。

5.3.1 元组的基本操作

元组通常使用标记"()"创建。使用序列类型的常用操作符和方法，可以完成元组的基本操作，具体见例 5-7。

例 5-7 元组的基本操作

```
# 创建元组
>>> tup1 = ('physics', 'chemistry', 1997, 2000)   # 元组中可以包含不同类型的数据
>>> tup2 = (1, 2, 3, 4, 5 )
>>> tup3 = "a", "b", "c", "d"                        # 声明元组的括号可以省略
>>> tup4 = (50,)                                     # 元组只有一个元素时，逗号不可省略
>>> tup5 = ((1,2,3),(4,5),(6,7),9)
>>> type(tup3),type(tup4)                            # 变量类型测试
(<class 'tuple'>, <class 'tuple'>)

>>> 1997 in tup1
True
>>> tup2+tup3                                        # 元组连接
(1, 2, 3, 4, 5, 'a', 'b', 'c', 'd')
>>> tup1[1]                                          # 使用索引访问元组中的元素
'chemistry'
>>> len(tup1)
4
>>> max(tup3)
'd'
>>> tup1.index(2000)                                 # 检索元组中元素的位置
3
>>> help(tuple)                                      # 显示元组的属性和方法
>>> tup3.index(2000)                                 # 检索的元素不存在，运行报异常
Traceback (most recent call last):
  File "<pyshell#130>", line 1, in <module>
    tup3.index(2000)
ValueError: tuple.index(x): x not in tuple
```

5.3.2　元组与列表的转换

元组与列表类似，只是元组中的元素不能被修改。如果想要修改元素，可以将元组转换为列表，修改元素后，再转换为元组。元组和列表相互转换的函数是 list(tup)和 tuple(lst)，其中的参数是被转换元素，具体见例 5-8。

例 5-8　元组与列表相互转换的应用

```
>>> tup1 = (123, 'xyz', 'zara', 'abc')
>>> lst1 = list(tup1)
>>> lst1.append(999)
>>> tup1 = tuple(lst1)
>>> tup1
(123, 'xyz', 'zara', 'abc', 999)
```

5.3.3　生成器推导式*

生成器推导式与列表推导式类似，但生成器推导式使用小括号定义，列表推导式使用中括号定义。与列表推导式不同，生成器推导式的结果是一个生成器对象，不是列表，也不是元组。使用生成器对象的元素时，可以根据需要将其转化为列表或元组，也可以使用生成器对象的__next__()方法（Python 3.x）进行遍历，或者直接将其作为迭代器来使用。但是不管用哪种方法访问元素，当访问结束后，如果需要重新访问其中的元素，必须重新创建生成器对象。

生成器推导式和生成器对象的应用见例 5-9。

例 5-9　生成器推导式和生成器对象的应用

```
>>> gen1 = ((i**2) for i in range(10,20))
>>> gen1
<generator object <genexpr> at 0x03129E60>
>>> list(gen1)
[100, 121, 144, 169, 196, 225, 256, 289, 324, 361]
>>> gen2 = ((i+2) for i in range(10) if (i%2 == 0))
>>> gen2.__next__()                    # 使用__next__()方法单步迭代
2
>>> gen2.__next__()
4
>>> gen2.__next__()
6
>>> gen3 = ((-i) for i in range(10) if (i%2 != 0))
>>> for j in gen3:print(j,end = ",")    # 直接循环迭代
-1,-3,-5,-7,-9,
>>>
```

5.3.4　序列解包*

序列解包是 Python 编程中非常重要和常用的一个功能。序列解包可以用简洁的方法完成

复杂的功能，增强代码的可读性并减少代码量。

1. 使用序列解包对多个变量同时赋值

为多个变量同时赋值可以简化程序代码的书写，例 5-10 实现了对多个变量赋值的功能。

例 5-10　使用序列解包对多个变量同时赋值

```
>>> a, b, c = 1, 2, 3
>>> print(a, b, c)
1 2 3
>>> tuple1 = (False, 3, 'test')
>>> x,y,z = tuple1
>>> x,y,z                 # 显示解包后的 x,y,z 的值
(False, 3, 'test')
>>> print(x,z)
False, test
>>>
>>> m,n,p = map(str, range(3))   # map()函数将 range 对象映射为字符串
>>> print(p)
2
```

2. 序列解包应用于列表和字典

序列解包应用于列表，可以很方便地读取列表元素的值，具体见例 5-11。

例 5-11　序列解包应用于列表

```
>>> lst = [1, 2, 3, 4]
>>> a,b,c,d = lst
>>> a,c                   # 显示解包后的 a 和 c 的值
(1, 3)
```

序列解包应用于字典时，默认是对键进行操作；如果需要解包键值对，则使用字典的 items()方法；如果需要解包字典的值，则使用 values()方法，具体见例 5-12。

例 5-12　序列解包应用于字典

```
>>> dicts = {'a': 1, 'b': 2, 'c': 3}
>>> x,y,z = dicts
>>> print(x, y)
a b
>>> dicts = {'a': 1, 'b': 2, 'c': 3}
>>> x1,y1,z1 = dicts.items()
>>> y1,z1
('b', 2) ('c', 3)
>>> a,b,c = dicts.values()
>>> print(a,b,c)
1 2 3
```

3. 序列解包使用 enumerate()函数

enumerate()函数是一个内置函数，用于将一个可遍历的对象（如列表、元组或字符串等）组合为一个索引序列，同时列出数据和数据索引，具体见例 5-13。其中，lst 是 enumerate()函数的参数，在遍历时自动解包。

例 5-13　序列解包使用 enumerate()函数

```
>>> lst = ['a', 'b', 'c']
```

```
>>> for i, v in enumerate(lst): print(i,v)          # i 为数据的索引
0 a
1 b
2 c
```

Python 还支持其他多种形式的解包，例如，在数据项前面加上一个*来解包序列，代码如下。

```
>>> print(*[1,2,3,4],4,*(5,6))
1 2 3 4 4 5 6
```

类似的解包可以参考下面的代码。

```
>>> *range(4),4     # 对 range(4) 解包
(0, 1, 2, 3, 4)
>>> {*range(4),4,(5,6,7,8,9)}          # 注意比较下面两行代码的区别
{0, 1, 2, 3, 4, (5, 6, 7, 8, 9)}
>>> {*range(4),4,*(5,6,7,8,9)}
{0, 1, 2, 3, 4, 5, 6, 7, 8, 9}
```

数据项前加*号的解包形式在函数的可变参数中得到应用，即在实参前加上一个*进行序列解包，从而实现将序列中的元素值依次传递给相同数量的形参，详见第 6 章。

5.3.5　任务的实现

对一组数据进行存储和处理是组合数据类型重要的应用。本小节任务是使用元组保存数据序列。

数据保存在列表还是元组取决于数据本身是否发生变化。如果数据发生变化，则应当保存在列表中；如果数据不发生变化，则保存在列表或元组中均可。本小节中的数据保存在元组 x 中，实际上也可以保存在列表中。

计算一组数据的和、平均值、方差，要点如下。

（1）元组 x 用来保存一组整数数据。

（2）定义变量 sum 保存数据之和、变量 avg 保存平均值、变量 d 保存方差。

（3）初始化变量 N 的值为 len(x)，即元组中数据的个数。

（4）使用 for 循环遍历元组 x 中的每个数据 x[i]，累加求和。循环变量 i 的取值对应元组 x 中每个元素的索引，根据索引访问元组中的元素。

（5）表达式 avg = sum/N 计算平均值。

（6）计算方差 d 的公式如下。

$$d^2 = \frac{\sum_{i=0}^{n-1}(x_i - avg)^2}{n}$$

计算元组中数据的和、平均值、方差见例 5-14。

例 5-14　计算元组中数据的和、平均值、方差

```
1   import math
2   x = (1,-11,33.2,9,0,8,100,2)
```

```
3    sum = avg = dsum = d = 0
4    N = len(x)
5    for i in range(N):
6        sum += x[i]
7    avg = sum/N
8    for i in range(N):
9        dsum += pow(x[i]-avg,2)
10
11   d = math.sqrt(dsum/(N))
12   print("这组数的和为{}，平均值为{:.2f}，方差为{:.2f}".format(sum,avg,d))
```

课堂练习

下面是关于元组操作的代码，运行结果是什么？

```
>>> numbers = (11,-23.2,10,0,7)
>>> max(numbers)
>>> sum(numbers)
>>> numbers2 = tuple(range(1,10,2))
>>> numbers2
>>> numbers3 = numbers+numbers2
>>> numbers3
>>> numbers3.count(7)
```

任务 5.4　使用字典管理键值对数据

【任务描述】

字典是 Python 内置的映射类型。映射是通过键（key）查找一组数据值（value）的过程，由键值对（key-value）组成，通过键可以找到其映射的值。

本节任务是输入一组学生信息保存在字典中，每名学生的信息由学号和 3 门课程成绩组成，按学号升序输出学生的总成绩。

5.4.1　字典的基本操作

字典可以看作由键值对构成的列表。这种数据结构之所以被称为字典，是因为它的存储和检索过程与真正的字典类似。键类似于字典中的单词，根据字典的组织方式（例如，按字母顺序或部首顺序排列）找到单词非常容易，找到键就能找到相关的值（定义）。但反向的搜索，即使用值去搜索键则难以实现。

Python 中的字典是一种组合数据类型，有以下特点。

（1）字典中的每个元素（键值对）是无序的。当添加键值对时，Python 会自动修改字典的排列顺序，以提高搜索效率，且这种排列顺序对用户是隐藏的。

（2）字典中的键是数字、字符串以及元组等不可改变对象。

（3）字典中的值并没有特殊的顺序，它们都存储在特定的键里。

字典的基本操作包括创建字典、检索字典元素、添加与修改字典元素等。

1. 创建字典

字典可以用标记"{}"创建，字典中每个元素包含键和值两部分，键和值用冒号分开，元素之间用逗号分隔。dict()是用于创建字典的函数，具体见例 5-15。

例 5-15　创建字典

```
>>> dict1 = {}
>>> dict2 = {"id":101, "name":"Rose", "address":"Changjianroad", "pcode":"116022"}
>>> dict3 = dict(id = 101,name = "Rose", address = "changjianroad", pcode = "116022")
>>> dict4 = dict([('id',101),('name', 'Rose'), ('address', 'changjianroad'),
('pcode', '116022')])
>>> dict2      # 显示字典内容
{'id': 101, 'name': 'Rose', 'address': 'Changjianroad', 'pcode': '116022'}
```

在例 5-15 中，第 1 行用于创建一个空的字典，该字典不包含任何元素，可以向字典中添加元素。

第 2 行是典型的创建字典的方法，用"{}"把键值对括起来。

第 3 行使用 dict()函数，通过关键字参数创建字典。

第 4 行使用 dict()函数，通过键值对序列创建字典。

2. 检索字典元素

使用 in 运算符可以测试一个指定的键值是否存在字典中，格式如下。

```
key in dicts
```

其中，key 是键名，dicts 是字典名。如果需要通过键来查找值，可以使用表达式 dicts[key] 来返回键所对应的值。

检索字典元素见例 5-16。

例 5-16　检索字典元素

```
# 使用 in 运算符检索
>>> dict = {"id":101, "name":"Rose", "address":"Changjianroad", "pcode":"116022"}
>>> "id" in dict
True
>>> "address" in dict
True
>>> "Rose" in dict
False
# 使用关键字检索
>>> dict["id"]
101
>>> dict["pcode"]
'116022'
>>> t1 = dict["id"],dict["pcode"]
>>> t1,type(t1)
((101, '116022'), <class 'tuple'>)
```

3. 添加与修改字典元素

字典的大小是可动态改变的，用户可以随时向字典中添加新的键值对，或者修改键所关联的值。添加字典元素与修改字典元素的方法相同，都是使用 dicts[key] = value。如果字典中存在该键值对，则修改字典元素的值，否则实现的是字典元素的添加功能。

添加与修改字典元素见例 5-17。

例 5-17 添加与修改字典元素

```
>>> dict1 = {"id":101, "name":"Rose", "address":"Changjianroad"}
# 修改字典元素
>>> dict1["address"] = "Huangheroad"
>>> dict1
{'id': 101, 'name': 'Rose', 'address': 'Huangheroad'}
# 添加字典元素
>>> dict1["email"] = "python@learning.com"
>>> dict1
{'id':101,'name':'Rose', 'address':'Huangheroad', 'email':'python@learning.com'}
```

在例 5-17 中，字典 dict1 已经存在键为"address"的键值对，所以语句 dict1["address"] = "Huangheroad"仅修改元素值。字典 dict1 没有键为"email"的键值对，所以语句 dict1["email"] = " python@learning.com "向字典中添加了一个元素。

5.4.2 字典的常用方法

Python 内置了一些字典的常用方法，见表 5-4，其中，dicts 为字典名，key 为键，value 为值。

表 5-4 字典的常用方法

方法	功能描述
dicts.keys()	返回所有的键信息
dicts.values()	返回所有的值信息
dicts.items()	返回所有的键值对
dicts.get(key, default)	键存在则返回相应值，否则返回默认值 default
dicts.pop(key, default)	键存在则返回相应值，同时删除键值对，否则返回默认值 default
dicts.popitem()	删除字典的最后一个键值对，并将其以元组(key,value)的形式返回
dicts.clear()	删除所有的键值对
del dicts[key]	删除字典中的某个键值对
key in dicts	如果键在字典中则返回 True，否则返回 False
dicts.copy()	复制字典
dicts.update(dicts2)	更新字典，参数 dicts2 为更新的字典

下面具体介绍字典的常用方法。

1. keys()、values()和 items()方法

通过 keys()、values()和 items()这 3 个方法可以分别返回字典的键的视图、值的视图和键

值对的视图。视图是一种数据类型，与列表类似，可以迭代访问，但不支持索引，通过遍历视图可以获得字典的信息。

字典的 keys()、values() 和 items() 方法的应用见例 5-18。

例 5-18　字典的 keys()、values() 和 items() 方法的应用

```
>>> dicts = {"id":101, "name":"Rose", "address":"Changjianroad", "pcode":"116022"}
# 返回键的视图
>>> key1 = dicts.keys():
>>> type(key1)
<class 'dict_keys'>
>>> key1 = dicts.keys()
>>> for k in key1:
...     print(k,end = ",")
id, name, address, pcode,
# 返回值的视图
>>> values1 = dicts.values()
>>> type(values1)
<class 'dict_values'>
>>> for v in values1:
...     print(v,end = ",")
101, Rose, Changjianroad, 116022,
# 返回键值对的视图
>>> items = dicts.items()
>>> type(items)
<class 'dict_items'>
>>> for item in items:
...     print(item,end = ",")
('id', 101),('name', 'Rose'),('address', 'Changjianroad'),('pcode', '116022'),
```

2. get()、pop()、popitem() 方法

通过 get() 方法可以返回键对应的值。如果键不存在，返回空值。default 参数可以指定键不存在时的返回值。

通过 pop() 方法可以从字典中删除键，并返回对应的值。如果键不存在，则返回 default；如果未指定 default 参数，则代码运行时会产生异常。

通过 popitem() 方法可以从字典中删除并返回最后一个键值对。字典为空时，会产生 KeyError 异常。

字典的 get()、pop() 和 popitem() 方法的应用见例 5-19。

例 5-19　字典的 get()、pop() 和 popitem() 方法的应用

```
>>> dicts = {"id":101, "name":"Rose", "address":"Changjianroad"}
# get()方法
>>> dicts.get("address")
'Changjianroad'
>>> dicts.get("pcode")
>>> dicts.get("pcode","116000")              # pcode 在字典中不存在，返回默认值
'116000'
>>> dicts
```

```
{'id': 101, 'name': 'Rose', 'address': 'Changjianroad'}
# pop()方法
>>> dicts.pop('name')
'Rose'
>>> dicts
{'id': 101, 'address': 'Changjianroad'}
>>> dicts.pop("email", "u1@u2")          # email 在字典中不存在，返回默认值
'u1@u2'
>>> dicts
{'id': 101, 'address': 'Changjianroad'}
>>> dicts = {"id":101, "name":"Rose", "address":"Changjianroad"}
# 使用 popitem()方法逐一删除键值对
>>> dicts.popitem()
('address', 'Changjianroad')
>>> dicts.popitem()
('name', 'Rose')
>>> dicts.popitem()
('id', 101)
>>> dicts
{}
```

3. copy()和 update()方法

通过 copy()方法可以返回一个字典的复本，但新产生的字典与原字典的 id 值是不同的。用户修改一个字典对象时，不会对另一个字典对象产生影响。

通过 update()方法可以使用一个字典更新另一个字典，如果两个字典存在相同的键，则键值对会覆盖。

字典的 copy()与 update()方法的应用见例 5-20。

例 5-20　字典的 copy()与 update()方法的应用

```
>>> dict1 = {"id":101,"name":"Rose", "address":"Changjianroad"}
# copy()方法
>>> dict2 = dict1.copy()
>>> id(dict1),id(dict2)
(62627152, 68030112)
>>> dict1 is dict2
False
>>> dict2["id"] = 102
>>> dict2
{'id': 102, 'name': 'Rose', 'address': 'Changjianroad'}
>>> dict1
{'id': 101, 'name': 'Rose', 'address': 'Changjianroad'}
# update()方法
>>> dict3 = {"name":"John", "email":"u1@u2"}
>>> dict1.update(dict3)
>>> dict1
{'id': 101, 'name': 'John', 'address': 'Changjianroad', 'email': 'u1@u2'}
```

5.4.3　任务的实现

本小节任务是输入一组学生的学号和成绩信息并处理，需要使用列表、字典等组合数据类型。基本思路是每名学生的信息（学号和成绩）保存在字典中，所有学生信息保存在列表或字典中，然后进行检索或排序等处理，实现要点如下。

（1）定义空字典 students，用于存储多名学生的学号和课程成绩。

（2）使用循环结构，接收用户的输入，并保存到字典 students 中。处理机制是使用 while True 循环，输入一名学生的学号和成绩后，给出是否继续输入的提示，若用户选择不继续输入，则使用 break 语句退出循环。

（3）在循环体内定义空列表 scores，用于存储每个学生的 3 门课程成绩。在字典 students 中添加一个 sid（学号）和 scores（成绩）键值对，作为字典 students 的一个元素。

（4）使用 copy()方法复制字典 students 为字典 stus。

（5）遍历字典 stus 的所有元素，将 stus 的每个键（sid）对应的值修改为总成绩，使用 sum(scores)函数计算 scores 列表中各元素的和。

（6）读取字典元素时，获取顺序是不确定的。为了按学号升序返回元素，应用 sorted(stus.keys())函数对 stus 字典的所有键进行排序，返回按学号升序排列的键列表。

（7）使用 for 循环遍历字典 stus，输出学号以及以学号作为键相匹配的值（总成绩）。

应用字典、列表按学号升序输出成绩见例 5-21。

例 5-21　应用字典、列表按学号升序输出成绩

```
1   students = {}
2   while True:
3       sid = eval(input("请输入学号: "))
4       scores = []
5       chi, eng, math = eval(input("请输入 3 门课程成绩, 以逗号分隔: "))
6       scores.append(chi)
7       scores.append(eng)
8       scores.append(math)
9       students[sid] = scores
10      x = input("是否继续输入(y:是, n: 否): ")
11      if x == 'n':
12          break
13  stus = students.copy()
14  for sid, scores in stus.items():
15      stus[sid] = sum(scores)
16
17  print(stus)
18  for sid in sorted(stus.keys()):
19      print("学号: {}  总成绩: {}".format(sid,stus[sid]))
```

课堂练习

（1）exRate 是一个关于汇率的字典。下面是关于字典基本操作的代码，运行结果是什么？

```
>>> exRate = {"EUR":7.25, "USD":7.26, "GBP":8.45, "HKD":0.93}
>>> len(exRate)
>>> exRate["CAD"] = 5.35
>>> rate1 = exRate
>>> print(rate1 == exRate)
>>> rate2 = exRate.copy()
>>> rate2 == exRate

>>> list(rate2.keys())
>>> rate2.values()
>>> print(list(rate2.items()))
>>> print("GBP" in rate2)
>>> print(8.45 in rate2)
```

（2）下面代码涉及字典的引用操作，运行结果是什么？

```
>>> exRate = {"EUR":7.25, "USD":7.26, "GBP":8.45, "HKD":0.93}
>>> rate1 = exRate
>>> rate1
>>> exRate
>>> rate1.popitem()
>>> exRate
>>> exRate["AUD"] = 467
>>> rate1
>>> print(exRate.get("EUR",10))
```

任务 5.5 集合数据类型的应用

【任务描述】

Python 中的集合具有数学意义上集合的概念。集合中的元素是不重复的，这是集合的一个重要特性。

本节任务是应用集合元素互异的特点，编写删除列表中重复元素的程序。

5.5.1 集合的基本操作

1. 创建集合

使用函数 set()可以创建一个集合。集合有以下特点。

- 集合是 0 个或多个元素的无序组合。
- 集合是可变的，可以很容易地向集合中添加元素或移除集合中的元素。
- 集合中的元素是不可重复的。
- 集合中的元素只能是整数、浮点数、字符串等基本的数据类型，而且这些元素是无序的，没有索引的概念。

与列表、元组、字典等数据结构不同，创建集合没有快捷方式，必须使用 set()函数。

set() 函数最多有一个参数，如果没有参数，则会创建一个空集合。如果有一个参数，那么参数必须是可迭代的类型，例如，字符串或列表，可迭代对象的元素将生成集合的成员。

创建集合见例 5-22。

例 5-22　创建集合

```
>>> aset = set("python")        # 字符串作为参数创建集合
>>> bset = set([1,2,3,5,2])     # 列表作为参数创建集合
>>> cset = set()                # 创建空集合
>>> aset,bset,cset
({'o', 'p', 't', 'y', 'h', 'n'}, {1, 2, 3, 5}, set())
```

从运行结果可以看出，集合的初始顺序和显示顺序是不同的，这表明集合中的元素是无序的。

2. 集合的常用方法

Python 提供了众多操作集合的内置方法，用于向集合中添加元素、删除元素或复制集合等，常用方法见表 5-5，其中，*S*、*T* 为集合，*x* 为集合中的元素。

表 5-5　集合的常用方法

方法	功能描述
S.add(x)	添加元素。如果元素 *x* 不在集合 *S* 中，则将 *x* 添加到 *S*
S.clear()	清除元素。清除 *S* 中的所有元素
S.copy()	复制集合。返回集合 *S* 的一个副本
S.pop()	随机选择集合 *S* 中的一个元素，并在集合中删除该元素。*S* 为空时产生 KeyError 异常
S.discard(x)	如果 *x* 在集合 *S* 中，则移除该元素；*x* 不存在时，则不报异常
S.remove(x)	如果 *x* 在集合 *S* 中，则移除该元素；*x* 不存在时，则产生 KeyError 异常
S.isdisjoint(T)	判断集合中是否存在相同元素。如果集合 *S* 与 *T* 没有相同元素，则返回 True
len(S)	返回集合 *S* 的元素个数

集合的常用方法见例 5-23。

例 5-23　集合的常用方法

```
# 创建集合
>>> aset = set("python")
>>> bset = set([1,2,3,5,2])
>>> cset = bset.copy()
>>> aset,bset,cset
({'o', 'p', 't', 'y', 'h', 'n'}, {1, 2, 3, 5}, {1, 2, 3, 5})
# 向集合中添加元素
>>> bset.add("y")
>>> bset
{1, 2, 3, 5, 'y'}
>>> bset.pop()
1
>>> bset
{2, 3, 5, 'y'}
# 判断集合中是否存在重复元素
>>> bset.isdisjoint(aset)
False
```

```
>>> len(aset)
6
>>> cset.clear()
>>> cset
set()
```

从运行结果可以看出，重复元素在 bset 中自动被过滤，另外，通过 add(x)方法添加元素到 set 中时，重复添加的元素不会被加入。

除了表 5-5 列出的方法外，使用 in 运算符可以判断集合中是否存在指定元素，进而可以实现集合的遍历，具体见例 5-24。

例 5-24　集合的遍历

```
>>> aset = set("python")
>>> for x in aset:
...     print(x,end = " ")
o p t y h n
```

集合主要用于 3 个场景：成员关系测试、元素去重和删除数据项。因此，如果需要对一维数据进行去重或数据重复处理时，一般可以通过集合来完成。

5.5.2　集合运算*

Python 中的集合与数学中集合的概念是一致的，因此，两个集合可以进行数学意义上的交集、并集、差集计算等。集合的运算符或方法见表 5-6。

表 5-6　集合的运算符或方法

方法	功能描述
S&T 或 S.intersection(T)	交集。返回一个新集合，包含同时在集合 S 和 T 中的元素
S|T 或 S.union(T)	并集。返回一个新集合，包含集合 S 和 T 中的所有元素
S−T 或 S.difference(T)	差集。返回一个新集合，包含在集合 S 但不在集合 T 中的元素
S^T 或 s.symmetric_difference_update(T)	补集。返回一个新集合，包含集合 S 和 T 中的元素，但不包含同时在其中的元素
S <= T 或　S.issubset(T)	子集测试。如果 S 与 T 相同或 S 是 T 的子集，则返回 True，否则返回 False。可以用 S<T 判断 S 是否是 T 的真子集
S >= T 或　S.issuperset(T)	超集测试。如果 S 与 T 相同或 S 是 T 的超集，则返回 True，否则返回 False。可以用 S>T 判断 S 是否是 T 的真超集

集合的运算见例 5-25。

例 5-25　集合的运算

```
>>> aset = set([10,20,30])
>>> bset = set([20,30,40])
>>> set1 = aset&bset        # 交集运算
>>> set2 = aset|bset        # 并集运算
>>> set3 = aset-bset        # 差集运算
>>> set4 = aset^bset        # 补集运算
>>> set1
```

```
{20, 30}
>>> set2
{40, 10, 20, 30}
>>> set3
{10}
>>> set4
{40, 10}
>>> set1<aset                   # 子集测试
True
>>> aset<set2                   # 超集测试
False
```

5.5.3　任务的实现

本小节任务是删除列表中的重复元素，具体见例 5-26。使用 set()方法并将列表作为集合对象的参数，可以将列表转换为集合，从而应用集合元素去重的特性进行删除。再使用 list()函数将集合转换为列表即可。

例 5-26　删除列表中的重复元素

```
lst = ["Users","Local","Administrator","Python",'AppData',"Local","Programs","Python"]
set1 = set(lst)
lst2 = list(set1)
print(lst2)
```

也可以不使用集合，使用循环结构遍历列表来实现元素去重，代码如下。

```
lst = ["Users","Local","Administrator","Python",'AppData',"Local","Programs","Python"]
words = []
for word in lst:
    if word in words:
        continue
    else:
        words.append(word)
print(words)
```

实　　训

实训 1　英文的词频统计

【训练要点】
（1）综合使用列表、字典的方法完成词频的统计。
（2）掌握字符串的替换、拆分等方法。
【需求说明】
（1）给出包含多行字符串的变量 words。

（2）输出按词频排序的单词。

【实现要点】

英文的词频统计涉及以下两个字符串操作方法。

（1）英文单词的分隔符可以是空格、标点符号或者特殊符号，使用字符串的 replace() 方法可以将标点符号替换为空格，以提高获取单词的准确性。

（2）使用 split() 方法拆分字符串，生成单词的列表。

英文的词频统计方法如下。

（1）定义空字典 map1，用于保存统计结果。

（2）在循环中使用变量 word 逐个读取列表中的单词，并重复下面的操作。

如果字典 map1 的 key 中没有单词 word，则向字典中添加元素，key 值是 word，value 值是 1，即 map1[word] = 1；如果字典的 key 值中有这个单词，则该单词计数加 1，即 map1[word] += 1。

（3）当列表中的单词全部读取完后，每个单词出现的次数会被保存在字典 map1 中，map1 的 key 是单词，map1 的 value 是单词出现的次数。

（4）将字典转换为列表后，排序输出。

【代码实现】

```
1    sentence = 'Beautiful is better than ugly.Explicit is better than implicit.\
2    Simple is better than complex.Complex is better than complicated.'
3    # 将文本中的标点用空格替换
4    for ch in ",.?!":
5        sentence = sentence.replace(ch," ")
6    # 利用字典统计词频
7    words = sentence.split()
8    map1 = {}
9    for word in words:
10       if word in map1:
11           map1[word] += 1
12       else:
13           map1[word] = 1
14   # 对统计结果排序
15   items = list(map1.items())
16   items.sort(key = lambda x:x[1],reverse = True)
17   # 打印控制
18   for item in items:
19       word, count = item
20       print("{:<18}{:<5}".format(word, count))
```

实训 2　二分查找的实现

【训练要点】

（1）列表的 sort() 方法的使用。

（2）掌握二分查找算法。

【需求说明】

（1）变量 list1 保存数值列表，使用 input() 函数输入待查找数据。

（2）输出被查找的数据位置，如果数据不存在，给出提示。

【实现要点】

二分查找是一种效率比较高的方法，实现要点如下。

（1）二分查找要求原始数据是有序的，首先应用列表的 sort()方法对数据排序，然后再进行查找。

（2）二分查找的基本思想是将要查找的数值 find 与中间位置 mid 的数据进行比较，如果相等，查找结束。如果不等，find 若小于中间位置数据，则继续在左边的数据区重复二分查找；find 若大于中间位置数据，则继续在右边的数据区重复二分查找。

（3）二分查找需要比较的最大次数为 $\log_2 n+1$（n 为要查找的数据长度）。

程序中通过一个标记 flag 表示查找是否成功，如果成功，则跳出 while 循环。

【代码实现】

```
1    list1 = [1,42,3,-7,8,9,-10,5]
2    # 二分查找要求查找的序列是有序的，假设是升序列表
3    list1.sort()
4    print(list1)
5    find = eval(input("请输入要查找的数据："))
6    low = 0
7    high = len(list1)-1
8    flag = False
9    while low <= high:
10       mid = int((low + high) / 2)
11
12       if list1[mid] == find:
13           flag = True
14           break
15       # 左边
16       elif list1[mid] > find:
17           high = mid - 1
18       # 右边
19       else :
20           low = mid + 1
21
22   if flag == True:
23       print("您查找的数据{},是第{}个元素".format(find,mid+1))
24   else:
25       print("没有您要查找的数据")
```

项目　模拟实现购物车功能

【项目描述】

（1）商品列表包括多种商品的名称和单价。

（2）输入要购买的商品的序号及数量，保存到购物车中。

（3）输出购物车信息以及需付款金额。

【项目分析】

模拟实现购物车功能，程序运行时，显示商品列表。用户根据提示信息，输入商品序号和数量。

（1）定义商品列表 products，每个元素仍为列表。

products = [['空调',7888],['计算机',12900],['耳机',549],['咖啡',31],['跑步鞋',890],['书籍',40]]

（2）购物车用列表变量 shopping_cart 实现，包括多类商品，每类商品的名称、单价和数量作为其中的元素。

【项目实现】

（1）商品保存在列表变量 products 中，定义变量 shopping_cart 保存用户购买的商品。

（2）展示商品使用 enumerate()函数，并且使用 str.format()方法控制格式。

（3）用户购买商品数不确定，使用 while True 循环，用户选择是否退出循环。

（4）定义列表变量 product 保存用户购买的商品序号和数量，并将 product 保存到购物车 shopping_cart 中。

（5）遍历购物车 shopping_cart，输出用户购买的商品信息并计算需付款金额。

【程序代码】

```
1   products = [['空调', 7888], ['计算机', 12900], ['耳机', 549], ['咖啡', 31], ['跑
步鞋', 890], ['书籍', 40]]
2   shopping_cart = []
3   print("----------商品列表----------")
4   print("序号\t 商品名称\t 单价")
5   # enumerate()函数返回列表 products 的元素,将列表组合为包括下标和列表元素的索引序列,start
给出下标的起始值
6   for i,p in enumerate(products,start = 1):
7       print("{}\t{}\t{}".format(i,p[0],p[1]))
8   while True:
9       i = int(input("请选择购买商品的序号: "))
10      n = int(input("请输入购买数量: "))
11      product = products[i-1]
12      product.append(n)    # 取得 products 列表的元素,并在其中添加数量值
13      shopping_cart.append(product)    # 将商品列表添加到购物车 shopping_cart 中
14      choice = input("继续购买吗（y: 是，n:否): ")
15      if choice == 'n':
16          break
17  sum = 0
18  print("----------您购买了以下商品----------")
19  for p in shopping_cart:
20      print("商品名称: {} 单价: {}: 数量: {}".format(p[0],p[1],p[2]))
21      sum += p[1]*p[2]
22  print("需付款金额: {}元".format(sum))
```

小　　结

本章主要介绍了列表、元组、字典和集合等组合数据类型。

列表和元组属于序列类型，重点讲解了序列的操作符和方法。根据不同组合数据类型的

特点，还讲解了遍历、增删改查、排序等内容。注意，元组是不可以修改的。

字典是 Python 中内置的映射类型，由键值对组成，通过键可以找到其映射的值。本章重点讲解了字典元素的获取，包括键和值的获取，以及字典的增删改查、遍历。

本章还介绍了 Python 编程中经常使用的列表推导式、生成器推导式、序列解包的相关内容，对 enumerate()函数进行了讲解。

通过对本章内容的学习，读者应当能应用组合数据类型解决一些复杂的问题。此外，读者应能够清楚地知道不同类型数据的结构特点，以便在后续的开发过程中选择合适的组合数据类型保存数据。

课后习题

1. 简答题

（1）列表、元组、字典都用什么标记或什么函数创建？

（2）列表和元组两种序列类型有什么区别？

（3）遍历列表和元组有哪几种方法？

（4）给定列表变量 ls，ls.pop(i)方法的功能是什么？

（5）列表和元组相互转换的函数是什么？

（6）字典有什么特点？请列出任意 5 种字典的常用方法。

（7）给定字典变量 dicts，dicts.items()方法的功能是什么？

2. 选择题

（1）下列选项中，**不属于**字典常用方法的是哪一项？（　　　）

A．dicts.keys()　　　　B．dicts.pop()　　C．dicts.values()　　　D．dicts.items()

（2）Python 语句 print(type(['a','1',2,3])) 的输出结果是哪一项？（　　　）

A．<class 'list'>　　　　B．<class 'disc'>　　C．<class 'tuple'>　　　D．<class 'set'>

（3）Python 语句 print(type({'a','1',2,3})) 的输出结果是哪一项？（　　　）

A．<class 'list'>　　　　B．<class 'disc'>　　C．<class 'tuple'>　　　D．<class 'set'>

（4）Python 语句 temp = ['a','1',2,3,None,]; print(len(temp)) 的输出结果是哪一项？（　　　）

A．3　　　　　　　　B．4　　　　　　　C．5　　　　　　　　D．6

（5）Python 语句 temp = set([1,2,3,2,3,4,5]); print(len(temp)) 的输出结果是哪一项？（　　　）

A．7　　　　　　　　B．1　　　　　　　C．4　　　　　　　　D．5

（6）运行下面的代码后，lst 的值是多少？（　　　）

```
lst1 = [3,4,5,6]
lst2 = lst1
lst1[2] = 100
print(lst2)
```

A．[3, 4, 5, 6]　　　　B．[3, 4, 100, 6]　　C．[3, 100, 5, 6]　　　D．[3, 4, 100,5 ,6]

（7）下列选项中，正确定义一个字典的是哪一项？（　　　）

A．a = [a',1,b',2,'c',3]　　　　　　　　B．d = ('a':1, 'b':2, 'c':3)

C. {a:1, b:2, c:3}　　　　　　　　　　D. d = {'a':1, 'b':2, 'c':3}

（8）下列选项中，**不能**使用索引运算的是哪一项？（　　　）

A. 列表　　　　　　B. 元组　　　　　　C. 集合　　　　　　D. 字符串

（9）下列关于列表的说法中，**错误**的是哪一项？（　　　）

A. 列表是一个有序集合，可以添加或删除元素

B. 列表可以存放任意类型的元素

C. 使用列表时，其下标可以是负数

D. 列表是不可变的数据结构

（10）Python 语句　s = {'a',1,'b',2};print(s[b])的输出结果是哪一项？（　　　）

A. 2　　　　　　　　B. 1　　　　　　　　C. 'b'　　　　　　　D. 语法错误

（11）以下代码的输出结果是哪一项？（　　　）

```
d = {"food":{"cake":1, "egg":5}}
print(d.get("cake", "no this food") )
```

A. no this food　　　　B. egg　　　　　　C. 1　　　　　　　　D. food

（12）以下代码的输出结果是哪一项？（　　　）

```
s = [4,2,9,1]
s.insert(2,3)
print(s)
```

A. [4, 2, 9, 2, 1]　　　B. [4, 2, 3, 9, 1]　　C. [4, 3, 2, 9, 1]　　D. [4, 2, 9, 1, 2, 3]

（13）下列说法中，**不正确**的是哪一项？（　　　）

A. Python 的 str、tuple、list 类型都属于序列类型

B. 组合数据类型可以分为 3 类：序列类型、集合类型和映射类型

C. 组合数据类型能够将多个数据组织起来，通过单一的表示使数据操作更有序，更容易理解

D. 序列类型是二维元素向量，元素之间存在先后关系，通过序号访问

（14）下列关于列表变量 ls 方法的说法中，**不正确**的是哪一项？（　　　）

A. ls.append(x)：在列表 ls 最后增加一个元素 x

B. ls.clear()：删除列表 ls 中的最后一个元素

C. ls.copy()：复制生成一个包括 ls 中所有元素的新列表

D. ls.reverse()：反转列表 ls 中的元素

3. 阅读程序

（1）下面程序的输出结果是什么？

```
x = [90,80,70]
y = ("Rose","Mike","John")
z = {}
for i in range(len(x)):
    z[x[i]] = y[i]
print(z)
```

（2）下面程序的功能是：输入以逗号分隔的一组单词，判断是否有重复的单词。如果存在重复的单词，打印"有重复单词"，退出；如果无重复的单词，打印"没有重复单词"。【代

码】处应补充的语句是什么？

```
txt = input("请输入一组单词，以逗号分隔: ")
ls = txt.split(',')
words = []
for word in ls:
    if word in words:
            print("有重复单词")
            break
    else:
        【代码】
else:
    print("没有重复单词")
```

4. 编程题

（1）编写程序，随机生成由英文字符和数字组成的 4 位验证码。

（2）学生个人信息用字典描述，包括 sid（学号），name（姓名），score（成绩）等。多名学生信息用列表存储。交互式输入学生姓名，查找并输出学生信息。

（3）使用 input() 函数输入若干个单词，然后按字典顺序输出单词（即使某个单词出现多次，也只输出一次）。

（4）使用元组创建一个存储 Python 关键字的对象，并检测给定的单词是否是 Python 的关键字。

（5）编写程序，删除列表中的重复元素。

第6章 用函数实现代码复用

结构化程序设计是一种重要的编程方法，程序内使用顺序、分支、循环等结构。程序设计往往需要把一些通用的功能抽象出来，函数就是实现抽取通用的或特定的功能的语句集合。函数可以重复使用，提高了代码的可重用性；函数通常实现较为单一的功能，提高了程序的独立性；同一个函数，通过接收不同的参数，实现不同的功能，提高了程序的适应性。本章主要介绍函数的定义、调用及参数传递，还包括变量的作用域等内容。

◇ 学习目标

（1）掌握函数的定义和函数调用。
（2）重点掌握函数的参数类型和返回值。
（3）学习使用递归函数编写程序。
（4）了解变量作用域相关知识。

◇ 知识结构

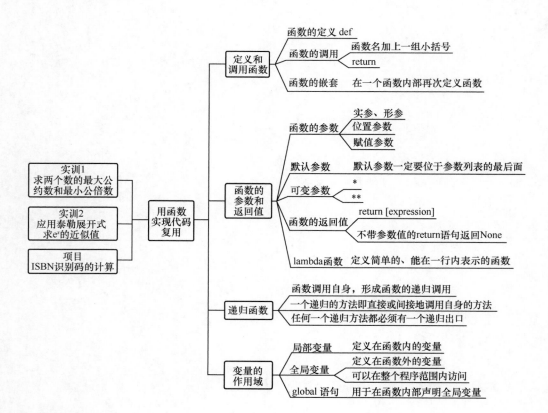

定义和调用函数

【任务描述】

合理的定义函数能极大地提高程序编写的效率，Python 中的函数需要先定义后调用。本节的任务是应用函数编写计算组合数 C_n^m 的程序。

计算组合数的公式是 $C_n^m = n!/(m!\times(n-m)!)$，其中，$m$ 和 n 是两个非负整数。

6.1.1 函数的定义

Python 中的函数是数学函数在计算机中的抽象和具体的实现。例如，$f(x) = 2x^2-3x+4$ 是一个一元二次函数，当 x 取某个固定的值时，对应一个函数值 $f(x)$，即 $f(0) = 4$、$f(2) = 6$、$f(5) = 39$ 等。再例如在二元一次函数 $f(x, y) = xy$ 中，$f(3,4) = 12$、$f(2.2,2) = 4.4$。

在 Python 中实现数学函数，可以使用 def 关键字来定义，语法格式如下。

```
def funcname(paras):
    statements
    return [expression]
```

在 Python 中，关于函数定义的说明如下。

- 函数定义以 def 关键字开头，后接函数名和小括号()。
- paras 是函数的参数，放在函数名后面的小括号内。如果有多个参数，参数之间用逗号分隔。
- 函数定义以冒号结束，函数体内的语句需要缩进。
- statements 是函数体，是实现特定功能的程序代码。有时，函数体的前部可以选择性地使用字符串，用于说明函数功能。
- return 语句用于结束函数，将返回值传递给调用语句。不带表达式的 return 返回 None 值。

需要指出，如果函数有多个参数，在默认情况下进行函数调用时，传入参数的顺序和函数定义时参数的顺序是一致的。

在 IDLE 环境的命令行状态定义两个函数，见例 6-1。第一个函数 hello()没有参数，也没有返回值；第二个函数 getArea(x,y)包含两个参数，函数体还包括函数的描述信息。调用函数 getArea(x,y)时，根据参数类型，函数的功能可以计算两个参数 x、y 之积，也可以将字符串 x 重复 y 次后返回。

在 IDLE 交互状态下执行 help(函数名)命令，可以显示函数的描述信息。使用 getArea.__doc__也可以返回函数的描述信息，其中__doc__是函数的属性。

例 6-1 函数的定义

```
>>> def hello():
...     print("Hello Python!")
>>> hello()
Hello Python!
```

```
>>> def getArea(x,y):
...     '''
...         参数为两个数值数据,或者一个字符串和一个整数。
...     '''
...     return x * y

>>> getaArea(3.0,2.0)      # 调用函数
6.0
>>> getArea("hello",2)
'hellohello'
>>> getArea.__doc__
参数为两个数值数据,或者一个字符串和一个整数。

>>> help(getArea)
Help on function getArea in module __main__:

getArea(x,y)
    参数为两个数值数据,或者一个字符串和一个整数。
```

6.1.2 函数的调用

  函数通过函数名加上一组小括号来调用,参数放在小括号内,多个参数之间用逗号分隔。
  需要注意的是,Python 中的所有语句都是解释执行的,def 也是一条可执行语句。调用
函数要求必须在函数定义之后。
  另外,在 Python 中,函数名也是一个变量,如果 return 语句没有返回值,则返回 None。
函数的调用和类型测试见例 6-2。

  例 6-2 函数的调用和类型测试

```
>>> def getCircleArea(r):
...     print("圆的面积是: {:>8.2f}".format(3.14*r*r))
...     return

>>> getCircleArea(3)
圆的面积是:    28.26
>>> getCircleArea                  # 显示函数名变量在内存中的地址
<function getCircleArea at 0x03916CD8>
>>> type(getCircleArea)            # 返回 getCircleArea 的类型
<class 'function'>
>>> print(getCircleArea (3))       # return 语句无返回值时,返回 None
圆的面积是:    28.26
None
```

  函数调用是模块化程序设计的基础,合理划分不同的函数有利于程序功能的细化和实现。
  例 6-3 是模块化程序设计的例子,main()函数中调用了 userInput()、userProcessing()、
userOutput()3 个函数。在实际应用中,还会涉及参数如何传递的问题。

例 6-3　模块化程序设计

```
1    def main():
2        print("输入数据")
3        userInput()
4        print("处理数据")
5        userProcessing()
6        print("输出数据")
7        userOutput()
8
9    def userInput():
10       pass
11
12   def userProcessing():
13       pass
14
15   def userOutput():
16       pass
17
18   main()
```

6.1.3　函数的嵌套

函数的嵌套是在一个函数内部再次定义函数，实际上定义的是一种内嵌的函数。嵌套的函数只能在外层函数的内部使用。

例 6-4 为使用嵌套定义的函数求阶乘之和，即在 sum() 函数内定义并调用 fact() 函数。如果将 fact() 函数定义在 sum() 函数外，sum() 函数也可以调用该函数，但该函数还可以被其他函数调用。

例 6-4　使用嵌套定义的函数求阶乘之和

```
>>> def sum(n):
...     def fact(a):          # 嵌套函数，求阶乘
...         t = 1
...         for i in range(1,a+1):
...             t *= i
...         return t
...     s = 0
...     for i in range(1,n+1):
...         s += fact(i)     # 调用嵌套函数 fact()
...     return s

>>> n = 5
>>> print("{}以内的阶乘之和为{}".format(n, sum(n)))
5 以内的阶乘之和为 153
```

6.1.4　任务的实现

本小节任务是编写程序计算组合数 C_n^m，而 $C_n^m = n!/(m! \times (n-m)!)$，可以看出核心是编写

计算阶乘的函数，要点如下。

（1）编写计算阶乘的函数 f(n)。

（2）调用函数 f(n)编写计算组合数的函数 c(n,m)。

（3）主程序调用函数 c(n,m)，打印输出。

编写程序计算组合数 C_n^m 见例 6-5。

例 6-5　编写程序计算组合数 C_n^m

```
1    # 定义函数 f(n)，返回 n 的阶乘
2    def f(n):
3        ans = 1
4        for i in range(1,n+1):
5            ans *= i
6        return ans
7    # 定义函数 c(n,m)，返回组合数的值
8    def c(n,m):
9        return f(n)/(f(m)*f(n-m))
10   # 主程序
11   print(c(5,3))
```

在例 6-5 中，也可以将 f(n)函数定义在函数 c(n,m)内，形成函数的嵌套定义，请读者自行调试和实践。

课堂练习

（1）使用 def 关键字定义函数 $f(x) = 2x^2 - 3x + 4$，并调用这个函数。

（2）下面代码的运行结果是什么？

```
def myFunction():
    '''This is a Test of myFunction'''
    pass
print(myFunction.__doc__)
```

（3）下面的函数实现参数交换的功能，在【代码】处补充合适内容使程序完整，并上机进行调试。

```
def swap(【代码】):
    '''本函数用于参数交换，返回交换后的元组'''
    return m,n
print(swap("aa", 3))
```

任务 6.2　函数的参数和返回值

【任务描述】

函数的强大功能依赖于向函数传递的不同类型参数。函数的参数可以分为位置参数、赋值参数、默认参数、可变参数等类型。

本节任务是编写函数，利用可变参数计算一组数值类型数据的最大值。

6.2.1　函数的参数

在定义函数时，参数表中的参数称为**形式参数**，简称形参。调用函数时，参数表中提供的参数称为**实际参数**，简称实参。Python 中的变量保存的是对象的引用，调用函数的过程就是将实参传递给形参的过程。函数调用时，实参可分为位置参数和赋值参数两种。

1. 位置参数

函数调用时，默认情况下，实参按照位置顺序传递给形参，这就是位置参数的含义。以下面的代码为例。

```
def getVolume(r,h):
    print("圆柱体的体积是：{:>8.2f}".format(3.14*r*r*h))
```

调用 getVolume(3,4) 函数，将按照 r = 3、h = 4 的对应关系来传递参数值，如果参数顺序发生改变，例如 getVolume(4,3)，则整个函数的逻辑含义就发生了变化。

如果函数多个参数的数据类型不一样，改变实参的顺序，调用时可能会发生语法错误。

2. 赋值参数

通常情况下，函数调用时，实参默认按照位置顺序传递函数。如果参数很多，按位置顺序传递参数的函数可读性较差。

例如，计算总成绩的 getScores() 函数有 5 个参数，代码如下，其中 5 个参数分别表示 5 科成绩，每科成绩在计算总成绩时的权重是不一样的。

```
def getScores(pe, eng, math, phy, chem):
    pass
```

函数的一次实际调用过程如下。

```
scores = getScores(93,89,78,89,72)
```

如果只看调用的过程而不看函数定义，则很难理解这些参数的实际含义，也不能清晰理解函数的功能。在规模较大的程序中，函数可能定义在外部函数库中，也可能与调用函数相距甚远，因此可读性差的问题需要尽量避免。

为了解决上述问题，Python 提供了按照形参名称输入实参的方式，这种参数称为**赋值参数**。使用赋值参数计算总成绩见例 6-6。

例 6-6　使用赋值参数计算总成绩

```
>>> def getscores(pe,eng,math,phy,chem):
        return pe*0.5+eng*1+math*1.2+phy*1+chem*1

>>> getscores(93,89,78,89,72)                              # 按位置传递
390.1
>>> getscores(pe = 93, math = 78, chem = 72, eng = 89, phy = 89)  # 使用赋值参数
390.1
```

例 6-6 调用函数时指定了参数名称，因此参数的顺序可以任意调整，提高了代码的可读性。

3. 参数值的类型

参数值的类型指函数调用时，传递的实参是基本数据类型还是组合数据类型。不同的参

数类型在函数调用后，参数值的变化也是不同的。

基本数据类型的变量在函数体外时是全局变量。基本数据类型作为实参时，会将常量或变量的值传递给形参，见例 6-7。这是一个值传递的过程，是单向的，实参和形参是两个独立不相关的变量，因此，实参值一般不会因为调用了函数而发生改变。

例 6-7　基本数据类型作为实参进行参数传递

```
>>> a = 10                    # 全局变量
>>> def func(num):
        num += 1
        print("形参的地址 {}".format(id(num)))
        print("形参的值 {}".format(num))
        a = 1                    # 局部变量，只在函数内部有效

>>> func(a)
形参的地址 1599690640
形参的值 11
>>> a,id(a)                    # 函数调用后，变量 a 的值不发生变化
(10, 1599690624)
```

如果想在函数中修改实参 a 的值，需要使用关键字 global 声明全局变量。关于全局变量的内容，请参考 6.4 节的内容。

列表、元组、字典等组合数据类型的变量用作函数参数时，在函数体外定义，是全局变量。形参和实参之间传递的只是组合数据类型变量的地址（引用），如果在函数内部修改了参数的值，参数的地址是不发生改变的，见例 6-8，但会影响到外部的全局变量。

例 6-8　组合数据类型作为实参进行参数传递

```
# 计算序列中的奇数，保存到参数 ls1 中
>>> tup = (1,5,7,8,12,9)
>>> ls = []
>>> def getOdd(tup1,ls1):      # 参数为组合数据类型
...     for i in tup1:
...             if i%2:
...                     ls1.append(i)
...     return ls1

>>> getOdd(tup,ls)             # 函数调用后，ls 的值发生了变化，但 id 值不变
[1, 5, 7, 9]
>>> print(ls)
[1, 5, 7, 9]
```

在例 6-8 中，ls 作为参数在函数 getOdd() 被修改，因为 ls 是组合数据类型的变量，所以在离开调用函数后，ls 变量的值是有效的。

6.2.2　默认参数

定义函数时，可以将函数的形式参数设置为默认值，这种参数被称为**默认参数**。当调用函数的时候，由于默认参数在定义时已被赋值，因此可以直接忽略，而其他参数是必须要传

入值的。

如果默认参数没有传入值，则直接使用默认值；如果默认参数有传入值，则使用传入值。默认参数的应用见例 6-9。

例 6-9　默认参数的应用

```
1   def showMessage(name,age = 18):
2       "打印任何传入的字符串"
3       print ("姓名: ",name)
4       print ("年龄: ",age)
5       return
6
7   # 调用 showMessage()函数
8   showMessage(age = 19,name = "Kate" )
9   print ("-----------------------")
10  showMessage(name = "John")
```

程序运行结果如下。

```
>>>
姓名:  Kate
年龄:  19
-----------------------
姓名:  John
年龄:  18
```

在例 6-9 中，第 1～5 行定义了带有两个参数的 showMessage()函数。其中，name 参数没有设置默认值，age 作为默认参数已经设置了默认值。在调用 showMessage()函数时，如果只传入 name 的值，程序会对 age 使用默认值；如果同时传入 name 和 age 两个参数的值，程序会对 age 使用传递的新值。

需要注意的是，带有默认值的参数一定要位于参数列表的最后面，否则程序运行时会报异常。

6.2.3　可变参数

Python 的函数可以定义可变参数。**可变参数**是在函数定义时，该函数可以接受任意个数的参数，即参数的个数可能是 1 个或多个，也可能是 0 个。可变参数有两种形式，参数名称前加一个星号（*）或者加两个星号（**）。定义可变参数的函数语法格式如下。

```
def funcname(formal_args,*args,**kwargs):
    statements
    return expression
```

在上面的函数定义中，formal_args 定义的是传统意义上的参数，可以是一组参数；*args 和**kwargs 为可变参数。函数调用时，传入参数的个数会优先匹配 formal_args 参数的个数，*args 以元组的形式保存多余的参数，**kwargs 以字典的形式保存带有指定名称形式的参数。**kwargs 以字典形式保存的参数也称为关键字参数。

调用函数的时候，如果传入参数的个数和 formal_args 参数的个数相同，可变参数*args

会返回空的元组，可变参数*kwargs 会返回空的字典；如果传入参数的个数比 formal_args 参数的个数多，可以分为以下两种情况。

- 如果传入参数没有指定名称，那么*args 会以元组的形式存放这些多余的参数。
- 如果传入参数指定了名称，如 score = 90，那么**kwargs 会以字典的形式存放这些被命名的参数。

下面通过例 6-10 帮助读者理解可变参数的应用。

例 6-10　可变参数的应用

```
1   def showMessage(name, *p_info):
2       print ("姓名:", name)
3       for e in p_info:
4           print(e, end = " ")
5       return
6
7   # 调用 showMessage()函数
8   showMessage("Kate" )
9   print ("------------------------")
10  showMessage("Kate", "female", 18, "Dalian")
```

程序运行结果如下。

```
>>>
姓名:  Kate
------------------------
姓名:  Kate
female 18 Dalian
```

例 6-10 定义了 showMessage()函数，其中，*p_info 为可变参数。调用 showMessage()函数时，如果只传入 1 个参数，那么从左向右，这个参数会匹配 name 参数。此时*p_info 参数没有接收到数据，所以为一个空元组。

调用 showMessage()函数时，如果传入多个参数（参数个数多于传统参数的个数，本例中是大于 1），从运行结果可以看出，多余的参数组成了一个元组，在函数中遍历这个元组可以显示更多的信息。

下面在例 6-11 中使用另一个可变参数——关键字参数，具体如下。

例 6-11　关键字参数的应用

```
1   def showMessage(name, *p_info, **scores):
2       print ("姓名:", name)
3       for e in p_info:
4           print(e, end = " ")
5       for item in scores.items():
6           print(item, end = " ")
7       print()
8       return
9
10  # 调用 showMessage()函数
11  showMessage("Kate", "female", 18, "Dalian");
12  print("-----------------------------")
13  showMessage("Kate", "female", 18, "Dalian", math = 86, pe = 92, eng = 88)
```

程序运行结果如下。

```
>>>
姓名：Kate
female 18 Dalian
------------------------------
姓名：Kate
female 18 Dalian ('math', 86) ('pe', 92) ('eng', 88)
```

在例 6-11 中，调用 showMessage()函数时，**scores 代表指定参数名称的参数 math = 86、pe = 92、eng = 88，这就是关键字参数，这种参数极大地扩展了函数的功能。

在例 6-11 的 showMessage()函数中，调用者必须要接收到 name 参数；如果调用者希望提供更多的参数（示例中是个人信息），可通过*p_info 参数以元组的形式接收；如果调用者希望提供指定科目的成绩，参数**scores 提供了可能，这个可变参数会将成绩信息保存在字典中。程序执行时，遍历元组和字典，并可以根据需要操作数据。

6.2.4　函数的返回值

用户可以为函数指定返回值，返回值可以是任意数据类型。return [expression]语句用于终止函数的执行，将 expression 的值作为返回值传递给调用方，将程序的流程返回到函数调用处。

不带参数值的 return 语句返回 None，此时，return 语句可以省略。

函数的返回值应用见例 6-12 和例 6-13。

例 6-12　比较两个参数的大小

```
>>> def compare( arg1, arg2 ):
...     "比较两个参数的大小"
...     result = arg1 >arg2
...     return result     # 函数体内 result 值
# 调用 compare()函数
>>> btest = compare(10,9.99)
>>> print ("函数的返回值: ",btest)
函数的返回值：True
```

函数 compare()返回两个参数的比较结果，是个逻辑值。

例 6-13　统计参数中含有字符 e 的单词

```
1    def findWords(sentence):
2        "统计参数中含有字符 e 的单词，保存到列表中，并返回"
3        result = []
4        words = sentence.split()
5        for word in words:
6            if word.find("e")! = -1:
7                result.append(word)
8
9        return result
10
11   ss = "Return the lowest index in S where substring sub is found,"
```

```
12    print(findWords(ss))
```

程序运行结果如下。

```
>>>
['Return', 'the', 'lowest', 'index', 'where']
```

函数 findWords() 的参数是字符串。首先在函数体中定义一个空列表 result，然后对参数字符串进行拆分，生成的单词列表保存在变量 words 中，接着遍历这个单词列表，将其中包含字符 e 的单词添加到列表 result 中，最后将 result 作为函数的返回值返回。

6.2.5 lambda 函数

lambda 函数是 Python 的匿名函数，其实质是一个 lambda 表达式，是不需要使用 def 关键字定义的函数。lambda 函数的语法格式如下。

```
lambda parameters:expression
```

其中，parameters 是可选的参数表，通常是用逗号分隔的变量或表达式，即位置参数。expression 是函数表达式，该表达式中不能包含分支或循环语句。expression 表达式的值将会成为 lambda 函数的返回值。

lambda 函数的应用场景是定义简单的、能在一行内表示的函数，返回一个函数类型。

Python 提供了很多函数式编程的工具，如 map()、reduce()、filter()、sorted() 等函数都支持函数作为参数，lambda 函数可以很方便地应用在函数式编程中。

lambda 函数的应用见例 6-14 和例 6-15。

例 6-14 应用 lambda 函数求圆柱体的体积

```
>>> import math
>>> area = lambda r:math.pi*r*r
>>> volume = lambda r, h:math.pi*r*r*h
>>> print("{:6.2f}".format(area(2)))
 12.57
>>> print(volume(2,5))
62.83185307179586
```

例 6-15 应用 lambda 函数将列表中的元素按照绝对值大小升序排列

```
>>> lst1 = [3,5,-4,-1,0,-2,-6]
>>> lst2 = sorted(lst1, key = lambda x: abs(x))
>>> type(lst2)
<class 'list'>
>>> lst2
[0, -1, -2, 3, -4, 5, -6]
```

当然，也可以写成下面的代码。

```
lst1 = [3,5,-4,-1,0,-2,-6]
def get_abs(x):
    return abs(x)
lst2 = sorted(list1,key = get_abs)
>>> lst2
[0, -1, -2, 3, -4, 5, -6]
```

6.2.6 任务的实现

本小节任务是编写函数计算一组数值类型数据的最大值，核心在于函数参数是一组数据，因此可以利用函数的可变参数来实现，见例 6-16。

例 6-16 计算一组数据的最大值

```
1   def maxnum(*nums):
2       max1 = nums[0]
3       for i in range(1,len(nums)):
4           if nums[i]>max1:
5               max1 = nums[i]
6       return max1
7   # 主程序
8   print(maxnum(-1,34,-9,56))
9   print(maxnum(1,4,6,95,3,78))
```

计算一组数据的最大值还可以使用向函数传递列表或元组作为参数来实现，只是传递的是一个参数，并非多个参数，具体如下。注意比较二者的区别。

```
def maxnum(nums):
    max1 = max(nums)
    return max1
# 主程序
print(maxnum([-1,34,-9,56]))
print(maxnum((1,4,6,95,3,78)))
```

课堂练习

（1）分析下面代码的运行过程，写出运算结果。

```
arr1 = [12,34,56]
arr2 = [1,2,3,4]
def disp(p):
    print(p)


arr1 = arr2
arr1.append([5,6])
disp(arr2)
disp(arr1)
```

（2）下面的函数用于判断成绩是否及格，输出结果是 failed 或 passed。成绩有百分制和一百五十分制区别，百分制默认 60 分及格；一百五十分制默认 90 分及格。在【代码 1】和【代码 2】处补充合适内容，实现上述功能。

```
def isPass(【代码1】):
    if score >= n:
        return "passed"
    else:
```

```
        return "failed"

s1 = 50
print(isPass(s1))
s2 = 120
print(isPass(【代码2】))
```

任务 6.3 递归函数

【任务描述】

递归是函数直接或者间接调用自身的一种方法。

定义递归函数实现字符串循环右移功能，描述如下：由若干个字符组成的字符串，将其前 n 个字符逐个移至原字符串末端。例如，"abcde123" 循环右移 5 个字符，结果是 "123abcde"。

6.3.1 递归函数的定义和调用

一个函数可以调用其他函数，也可以调用函数自身。如果一个函数调用自身，则会形成函数的递归调用。

1. 递归的定义

递归是函数在其定义或声明中直接或间接调用自身的一种方法。递归的基本思想是：在求解一个问题时，将这个问题递归简化为规模较小的同一问题，并设法求得这个规模较小的问题的解，在此基础上再递进求解原来的问题。如果经递归简化的问题还难以求解，可以再次进行递归简化，直至将问题递归简化成一个容易求解的基本问题为止。经过反复递进求解，最终求得原问题的解。

斐波那契数列是以数学家斐波那契的名字命名的，是为兔子繁殖数量的增长模型构造的数列。该数列递归定义如下。

$$fib(i) = \begin{cases} 0 & (i = 0) \\ 1 & (i = 1) \\ fib(i-2) + fib(i-1) & (i \geqslant 2) \end{cases}$$

可以看出，该数列从第 3 项开始，每项为前两项之和，其前 8 项分别为：0，1，1，2，3，5，8，13。

递归的思想在程序设计中表现为"自己调用自己"，含有递归方法的程序即为递归程序。递归特点如下：

- 一个递归的方法即直接或间接地调用自身的方法；
- 任何一个递归方法都必须有一个递归出口。

在斐波那契数列中，最基本的情况是 $fib(0) = 0$ 和 $fib(1) = 1$。当 $i \geqslant 2$ 时，通过递归调用可以把问题分解为 $fib(i) = fib(i-2) + fib(i-1)$，具体见例 6-17。

例 6-17　求斐波那契数列第 i 个元素的递归函数

```
def fib(i):
    if i == 0:
        return 0
    elif i == 1:
        return 1
    else:
        return fib(i-1)+fib(i-2)

print(fib(8))
```

2. 递归的调用过程

阶乘是递归的经典例子，其定义如下：

$$n! = n×(n-1)×(n-2)×\cdots×1$$

按照上面的定义，用循环实现的阶乘见例 6-18。

例 6-18　用循环实现的阶乘

```
def factorial(i):
    "求指定参数的阶乘"
    t = 1
    for i in range(1,i+1):
        t *= i
    return t

print(factorial(6))        # 720
```

如果要用递归方法给出阶乘的定义，则格式如下：

$$\text{factorial}(i) = \begin{cases} 1 & (i = 0) \\ i(i-1) & (i \geqslant 1) \end{cases}$$

阶乘的递归实现见例 6-19。

例 6-19　阶乘的递归实现

```
def factorial(i):
    if i == 0:
        return 1
    else:
        return i*factorial(i-1)

print(factorial(6))
```

6.3.2　任务的实现

本小节任务是字符串中 n 个字符的后移，类似于字符串翻转的功能，要点如下。

（1）定义函数 move(str,n)，其中的参数 n 是字符串 str 中后移的字符数。

（2）将字符串分成两部分——首字符和剩余字符，基本思路是每次移动一个字符，在剩余字符中调用递归函数。可以看出，函数符合以下递归调用条件。

首先，递归结束的条件是移动字符数为 0。

其次，每调用一次函数，只需要将首字符添加到剩余字符串的后面，同时移动次数减 1。用递归方法实现字符后移见例 6-20。

例 6-20 用递归方法实现字符后移

```
1    def move(str,n):
2        if n == 0:
3            return str
4        else:
5            newstr = move((str[1:])+str[0],n-1)
6            return newstr
7
8    ss = "abcde123"
9    n = 5
10   result = move(ss,n)
11   print(result)
```

还可以使用循环结构实现字符的后移，注意比较二者的区别。

```
str = "abcde123"
def move2(str,n):
    for i in range(n):
        str = str[-1]+str[:-1]
    print(str)

move2(str,3)
```

课堂练习

下面的递归函数用于反转一个字符串，例如"abcde"反转为"edcba"。在【代码 1】和【代码 2】处补充合适内容，实现上述功能。

```
def func(s):
    if 【代码1】:
        return s
    return (【代码2】)+s[0]

s = "abcde"
result = func(s)
print(result)
```

任务 6.4 变量的作用域

【任务描述】

函数参数在传递过程中的形参和实参都是变量。变量的作用域即变量起作用的范围，是 Python 程序设计中一个非常重要的问题。变量可以分为局部变量和全局变量，其作用域与变量是基本数据类型还是组合数据类型有关。

本节任务是掌握局部变量和全局变量的概念和应用。

6.4.1　局部变量

局部变量是定义在函数内的变量，其作用域从函数定义开始，到函数执行结束。局部变量只在函数内使用，它与函数外具有相同名称的变量没有任何关系。不同的函数可以定义名字相同的局部变量，并且各个函数内的变量不会相互影响。

例 6-21 定义了函数 func1()和 func2()，两个函数分别定义了变量 x1、y1、z，这些变量都是局部变量，在各自的函数中互不影响。从下列程序可以看出，函数 func1()调用了函数 func2()，这并不影响变量之间的关系。

另外，函数的参数也是局部变量，其作用域在函数执行期内。

例 6-21　局部变量的作用域

```
>>> def func1(x,y):
...     x1 = x
...     y1 = y
...     z = 100
...     print("in func1(),x1 = ",x1)
...     print("in func1(),y1 = ",y1)
...     print("in func1(),z = ",z)
...     func2()
...     return

>>> def func2():
...     x1 = 10
...     y1 = 20
...     z = 0
...     print("in func2(),x1 = ",x1)
...     print("in func2(),y1 = ",y1)
...     print("in func2(),z = ",z)

>>> func1('a','b')
in func1(),x1 = a
in func1(),y1 = b
in func1(),z = 100
in func2(),x1 = 10
in func2(),y1 = 20
in func2(),z = 0
```

6.4.2　全局变量

局部变量只能在声明它的函数内部访问，而**全局变量**可以在整个程序范围内访问。全局变量是定义在函数外的变量，它拥有全局作用域。全局变量可作用于程序中的多个函数，但其在各函数内部是只可访问的、只读的，全局变量的使用是受限的。

1. 在函数内读取全局变量

例 6-22 展示了函数外定义的全局变量在函数内被读取。

例 6-22　函数外定义的全局变量在函数内被读取

```
1    basis = 100              # 全局变量
2    def func1(x,y):          # 计算总分
3        sum = basis+x+y
4        return sum
5
6    def func2(x,y):                  # 按某规则计算平均分
7        avg = (basis+x*0.9+y*0.8)/3
8        return avg
9
10   score1 = func1(75,62)
11   score2 = func2(75,62)
12   print("{:6.2f},{:6.2f}".format(score1,score2))
13   print(basis)
14   print("------------------------")
```

程序运行结果如下。

```
>>>
237.00, 72.37
100
------------------------
```

2. 在函数内定义与全局变量同名的变量

在函数内定义与全局变量同名的变量分为两种情况，一种是函数内如果定义与全局变量同名的变量，则该变量实质是局部变量，见例 6-23；另一种是不允许在函数内先使用与全局变量同名的变量，见例 6-24。

例 6-23　函数内定义的与全局变量同名的变量是局部变量

```
1    basis = 100              # 全局变量
2    def func3(x,y):
3        basis = 90                   # 该局部变量与全局变量同名，但与全局变量无关
4        sum = basis+x+y
5        return sum
6
7    print("{:6.2f}".format(func3(75,62)))
8    print(basis)             # 全局变量的值仍为100
9    print("------------------------")
```

程序运行结果如下。

```
>>>
227.00
100
------------------------
```

例 6-24　函数内先使用全局变量，再定义同名的局部变量，导致程序异常

```
1    basis = 100              # 全局变量
2    def func4(x,y):
3        print(basis)
4        basis = 90
```

```
5     sum = basis+x+y
6     return sum
7
8   print(func4(78,62))
9   print(basis)
```

程序运行结果如下。

```
>>>
Traceback (most recent call last):
  File "D:\python310\06\code0624.py", line 8, in <module>
    print(func4(78,62))
  File "D:\python310\06\code0624.py", line 3, in func4
    print(basis)
UnboundLocalError: local variable 'basis' referenced before assignment
>>>
```

在 func4()函数中，语句 print(basis)报异常，原因在于函数中的 basis 变量是局部变量。

6.4.3　global 语句

全局变量不需要在函数内声明即可读取。当在函数内部给变量赋值时，该变量将被 Python 视为局部变量。如果在函数中先访问全局变量，再在函数内定义与全局变量同名的局部变量，程序也会报异常。为了能在函数内部读/写全局变量，Python 提供了 global 语句，用于在函数内部声明全局变量，具体见例 6-25。

例 6-25　global 语句的应用

```
1    basis = 100            # 全局变量
2    def func4(x,y):
3        global basis       # 声明 basis 是函数外的全局变量
4        print(basis)       # 100
5        basis = 90
6        sum = basis+x+y
7        return sum
8
9    print(func4(75,62))
10   print(basis)           # 90
```

因为在函数内部使用 global 语句进行声明，所以代码中使用的 basis 都是全局变量。需要说明的是，虽然 Python 提供了 global 语句，可以在函数内部修改全局变量的值，但从软件工程的角度来说，这种方式降低了程序质量，使程序的调试、维护变得困难，因此不建议用户在函数中修改全局变量或函数参数中的可修改对象。

Python 中还增加了 nonlocal 关键字，用于声明全局变量，但其主要在一个嵌套的函数中修改嵌套作用域中的变量。这里不再赘述，读者可查阅相关文档。

课堂练习

（1）分析下面代码的运行过程和运行结果。

```
def func(a,b):
    c = a**2+b
    b = a
    return c

a = 10
b = 100
c = func(a,b)+a
print(a,b,c)
```

（2）下面的程序模拟 Python 内置函数 sorted() 的功能。在函数 sorting(ls) 中，参数 ls 是一个包含若干数值的列表，函数的返回值为排序后的列表，但实参 ls 不发生变化。在【代码 1】和【代码 2】处补充合适的内容完善程序。

```
def sorting(ls):
    m = ls.copy()
    r = []
    for i in 【代码 1】:
        t = min(m)
        r.append(t)
        【代码 2】
    return r
# 主程序
ls = [11,2,34,41,25]
print("排序后的结果：",sorting(ls))
print("原列表不变：",ls)
```

<h1 style="text-align:center">实 训</h1>

实训 1　求两个数的最大公约数和最小公倍数

【训练要点】

（1）学会应用辗转相除法求最大公约数。

（2）掌握函数的定义和调用的方法。

【需求说明】

（1）使用 input() 函数输入两个整数 m、n。

（2）输出最大公约数和最小公倍数。

【实现要点】

（1）定义函数 gcd(m,n)，求整数 m、n 的最大公约数。用辗转相除法实现，算法如下。

- 如果 m<n，m,n = n,m。

- 在循环中，用 m 除以 n，如果余数为 0，则 n 为最大公约数；如果余数不为 0，则将 n 赋值给 m，m%n 赋值给 n。如此循环直到 m%n 的值为 0。

（2）定义最小公倍数函数 lcm(m,n)，返回值为 m、n 之积除以最大公约数。

【代码实现】

```
1   # 定义函数 gcd()
2   def gcd(m,n):
3      if m<n:
4         m,n = n,m
5      while m%n != 0:
6         r = m%n
7         m = n
8         n = r
9      return n    # 返回最大公约数
10  # 定义函数 lcm()
11  def lcm(m,n):
12     return m*n/gcd(m,n)
13  # 主程序
14  a = eval(input("请输入第一个整数:"))
15  b = eval(input("请输入第二个整数:"))
16  result1 = gcd(a,b)    # 调用函数，得到返回值
17  result2 = lcm(a,b)
18  print("{}和{}的最大公约数为: {}".format(a,b,result1))
19  print("{}和{}的最小公倍数为: {:.0f}".format(a,b,result2))
```

实训 2　应用泰勒展开式求 e^x 的近似值

【训练要点】

（1）掌握求 e^x 近似值的泰勒展开式：$e^x = 1+x+x^2/2!+x^3/3!+\cdots+x^n/n!$

（2）定义并调用幂函数和阶乘函数。

【需求说明】

（1）使用上述公式求 e^x 的近似值，当最后一项小于 10^{-6} 时停止计算。

（2）输出 e^x 的近似值。

【实现要点】

根据上述求 e^x 值的公式，将问题分解为"求幂函数""求阶乘函数""求和函数"，函数原型如下。

```
def powers(x,n):
    pass

def factorial(n):
    pass

def sum0(x):
    pass
```

其中，powers(x,n)计算并返回 x^n，factorial(n)计算并返回 $n!$，sum0(x)计算并返回 e^x。

【代码实现】

```
1   def powers(x,n):
```

```
2        t = 1
3        for i in range(1,n+1):
4            t = t*x
5        return t
6
7    def factorial(n):
8        fact = 1
9        for i in range(1,n+1):
10               fact = fact*i
11       return fact
12
13   def sum0(x):
14       s = n = 1
15       temp = powers(x,n)/factorial(n)
16       while(temp >= 1e-6):
17               s = s+temp
18               n = n+1
19               temp = powers(x,n)/factorial(n)
20       return s
21
22   print(sum0(3))
```

程序使用泰勒展开式计算 e^x 的近似值，实际上，使用 math.exp(n)函数可以直接计算 e^x 的值，计算 x^n 可以使用内置函数 pow(x,n)来实现。

项目　ISBN 识别码的计算

【项目描述】

国际标准书号（ISBN）由 13 位数字组成，分为 5 段，规定格式为"978-x-xxx-xxxxx-x"。其中，"-"为分隔符，前 3 位数字"978"是图书产品代码，剩余 10 位包括 9 位数字和最后 1 位识别码，如 978-7-302-46687-1。识别码的计算方法如下。

首先，用 1 分别乘以 ISBN 前 12 位中的奇数位，用 3 分别乘以偶数位。

然后，将各乘积相加，求出总和；将总和除以 10，得出余数。

最后，将 10 减去余数后即为识别码。如果相减后的数值为 10，则识别码为 0。

程序判断列表中 ISBN 的识别码是否正确，如果正确，输出"正确"；如果错误，输出正确的 ISBN。

【项目分析】

（1）定义一个 ISBN 列表，其中包括若干个待识别 ISBN。

（2）定义函数 getIsbn(item)和 judge(isbn)，用于处理 ISBN 格式和 ISBN 合法性的识别判定。

（3）主程序调用函数输出。

【项目实现】

（1）定义函数 getIsbn(item)，删除 ISBN 中的分隔符，返回 ISBN 数字列表。

（2）定义函数 judge(isbn)实现识别码判定。如果识别码正确则返回提示，如果识别码错误则返回正确的 ISBN。

设计思想是将列表参数 isbn 中的每个数字提取出来，根据算法计算识别码。对于参数 isbn，位置从 0 开始，奇数位置的数字乘以 3，偶数位置的数字乘以 1，并求和保存至变量 total 中。

计算 total 除以 10 的余数 remainder，如果余数为 10，则识别码为数字"0"。

如果计算得到的识别码与列表 isbn 的识别码相同，则函数返回字符串"正确"，否则，将 isbn 中的最后一个字符替换为正确的识别码 remainder，并将其作为返回值。

（3）主程序遍历 ISBN 的列表，判断 ISBN 是否正确。

【程序代码】

```
1   # 删除 ISBN 中的分隔符，返回 ISBN 数字列表
2   def getIsbn(item):
3       isbn = list(item)
4       for m in isbn:
5           if m == '-':
6               isbn.remove("-")
7       return isbn
8
9   # 识别码判定，如果识别码正确则返回提示，如果识别码错误则返回正确的 ISBN
10  def judge(isbn):
11      total = 0
12      for i in range(len(isbn)-1):
13          if i%2 == 0:
14              total += int(isbn[i])*1
15          else:
16              total += int(isbn[i])*3
17      remainder = 10-total%10
18      # 获得字符识别码
19      if remainder == 10:
20          iden_code = '0'
21      else:
22          iden_code = str( remainder)
23      if iden_code == isbn[-1]:
24          return "正确"
25      else:
26          isbn[-1] = iden_code
27          return "".join(isbn)
28  # 主程序
29  isbns = ["978-7-115-57073-1","978-7302-466871",
30          "978711554257-1","978-7-115-575630"]
31  for item in isbns:
32      isbn = getIsbn(item)
33      result = judge(isbn)
34      print(result,end = "   ")
```

小 结

本章主要介绍了函数的定义和调用、函数的参数和返回值、递归函数和变量作用域等内容。

使用 def 关键字即可定义函数。定义函数时，参数表中的参数称为形式参数（简称形参）。调用函数时，参数表中提供的参数称为实际参数（简称实参）。函数的参数可以分为位置参数、赋值参数、默认参数、可变参数等。

递归是函数在其定义或声明中直接或间接调用自身的一种方法。lambda 函数是 Python 中的匿名函数，其实质是一个 lambda 表达式，不需要使用 def 关键字定义。

变量可分为局部变量和全局变量，其作用域与变量是基本数据类型还是组合数据类型有关。Python 提供的 global 语句，可用于在函数内部声明全局变量。

请读者结合本书的示例深入领会函数的使用，初步形成以函数为核心的程序设计理念。

课后习题

1. 简答题

（1）函数的可变参数有哪几种？各有什么特点？

（2）函数传递时，用基本数据类型和组合数据类型作参数有什么区别？请举例说明。

（3）什么是默认参数？

（4）递归函数有什么特点？

（5）global 语句的功能是什么？

2. 选择题

（1）可以用来创建 Python 自定义函数的关键字是哪一项？（   ）

A. function   B. def   C. class   D. return

（2）关于 Python 函数参数的描述中，**不正确**的是哪一项？（   ）

A. Python 实行按值传递参数，值传递指调用函数时将常量或变量的值传递给函数的参数

B. 实参与形参分别存储在各自的内存空间中，是两个不相关的独立变量

C. 在函数内部改变形参的值时，实参的值一般是不会改变的

D. 实参与形参的名字必须相同

（3）下列哪一项**不属于**函数的参数类型？（   ）

A. 位置参数   B. 默认参数   C. 可变参数   D. 地址参数

（4）Python 语句 print(type(lambda:None)) 的运行结果是哪一项？（   ）

A. <class 'NoneType'>   B. <class 'function'>

C. <class tuple'>   D. <class 'type'>

（5）Python 语句 f = lambda x,y:x*y; f(2,6) 的运行结果是哪一项？（   ）

A. 2   B. 6   C. 12   D. 8

（6）下列程序的运行结果是哪一项？（   ）

```
s = "hello"
```

```
def setstr():
    s = "hi"
    s += "world"
setstr()
print(s)
```

A．hi　　　　　　　　B．hello　　　　　　C．hiworld　　　　　D．helloworld

（7）在以下函数定义中，**不正确**的是哪一项？（　　　）

A．def vfunc(a,b = 2)：　　　　　　　B．def vfunc(a,b)：

C．def vfunc(a,*b)：　　　　　　　　D．def vfunc(*a,b)：

（8）运行以下程序，输出结果是哪一项？（　　　）

```
def calu(x = 3,y = 2):
    return(x*y)

a = 'abc'
b = 2
print(calu(a,b), end = ",")
```

A．abcabc,　　　　　B．abcabc　　　　C．6　　　　　　　D．abcabc,6

（9）运行以下程序，输入 fish520，输出结果是哪一项？（　　　）

```
w = input()
for x in w:
    if '0' <= x <= '9':
        continue
    else:
        w = w.replace(x,"")
print(w)
```

A．fish520　　　　　B．fish　　　　　C．520　　　　　D．520fish

（10）运行以下程序，输出结果是哪一项？（　　　）

```
def loc_glo(b = 2,a = 4):
    global z
    z += 3*a+5*b
    return z
z = 10
print(z,loc_glo(4,2))
```

A．1036　　　　　　B．3232　　　　C．3636　　　　　D．1032

3．阅读程序

（1）函数 digit()功能是：给定一个由单字符组成的列表，并将其作为函数参数，去除列表中的非数字字符。【代码】处应补充的语句是什么？

```
# 定义函数 digit()
def digit(letters):
    for letter in letters.copy():
        if 【代码】
            letters.remove(letter)
    return letters
# 主程序
```

```
ls = ['1','a','b','m','2','?','8','q','9','&']
print(digit(ls))
```

（2）以下程序的运行结果是什么？

```
def func(x):
    x *= 2
    return x
x = 20
func(x)
print(x)
```

4. 编程题

（1）编写函数 isodd(x)，如果 x 不是整数，给出提示后退出程序；如果 x 为奇数，返回 True；如果 x 为偶数，返回 False。

（2）编写函数 change(str1)，其功能是对参数 str1 进行大小写转换，将大写字母转换成小写字母；小写字母转换成大写字母；非英文字符不转换。

（3）编写并测试函数 reverse(x)，输入一个整数，并将各位数字反转后输出。

（4）编写程序求 $1^2 - 2^2 + 3^2 - 4^2 + \cdots + 97^2 - 98^2 + 99^2$。

（5）编写递归函数解决下面的问题。有 5 个人坐在一起，问第 5 个人有多少钱，他说比第 4 个人多 20 元。问第 4 个人有多少钱，他说比第 3 个人多 20 元。问第 3 个人，他说比第 2 个人多 20 元。问第 2 个人，他说比第 1 个人多 20 元。最后问第 1 个人，他说是 100 元。请问第 5 个人有多少钱？

第7章 Python 的内置函数和标准库

Python 的内置函数可以实现基本的数学运算、字符串运算、类型转换等功能。Python 标准库中的模块和函数提供更加丰富的科学计算、日期格式处理、文件操作等功能。本章分类介绍 Python 的内置函数，对 math 库、random 库、datatime 库等 Python 标准库进行讲解，详细介绍使用 turtle 标准库绘图的方法。

◇ 学习目标

（1）掌握常用的内置函数。
（2）掌握 math 库、random 库、datatime 库等 Python 标准库。
（3）学习使用 turtle 库绘制图形。
（4）掌握 Python 的内置函数和标准库的应用。

◇ 知识结构

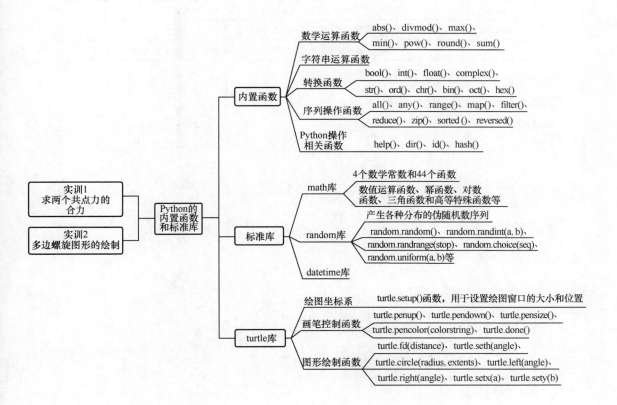

任务 7.1 Python 的内置函数

【任务描述】

内置函数是可以自动加载、直接使用的函数。Python 提供了大量可以实现数学运算、字符串运算、类型转换等功能的内置函数。

本节要求掌握 Python 常用的内置函数。

7.1.1 数学运算函数

Python 与数学运算相关的常用函数见表 7-1。

表 7-1 常用的数学运算函数

函数名	功能说明
abs()	返回参数的绝对值
divmod()	返回两个数值的商和余数
max()	返回可迭代对象的元素的最大值或者所有参数的最大值
min()	返回可迭代对象的元素的最小值或者所有参数的最小值
pow()	求两个参数的幂运算值
round()	返回浮点数的四舍五入值
sum()	对元素类型是数值型的可迭代对象的每个元素求和

数学运算函数的应用见例 7-1。

例 7-1 数学运算函数的应用

```
>>> abs(-2.72)
2.72
>>> abs(7)
7
>>> divmod(20,6)
(3, 2)
>>> max(-11,1,2,23,4)
23
>>> max('xyz089')
'z'
>>> min(-10.11,12,3e2,4,5)
-10.11

>>> pow(2,-3)
0.125
>>> pow(3,0.5)
1.7320508075688772
```

```
>>> pow(2,3,5)
3
>>> round(1.4142)
1
>>> round(1.2366,2)
1.24
>>> sum((100,2,3,4))
109
>>> sum((1,2,3,4),-10)
0
```

需要注意的是，pow(2,3,5) 的含义是计算 pow(2,3)%5 的值，结果为 3。另外，max()函数还有另外一种形式：max(−9.9,0,key = abs)，其中的第 3 个参数 key 是运算规则，代码的功能是取绝对值后再计算数据的最大值。

7.1.2　字符串运算函数

字符串运算函数就是操作字符串的方法，它提供了大小写转换、查找替换、拆分合并等功能，详见第 3 章。

7.1.3　转换函数

转换函数主要用于不同数据类型之间的转换，常用的转换函数见表 7-2。

表 7-2　常用的转换函数

函数名	功能说明
bool()	根据传入的参数返回一个布尔值
int()	根据传入的参数返回一个整数
float()	根据传入的参数返回一个浮点数
complex()	根据传入的参数返回一个复数
str()	返回一个对象的字符串表现形式
ord()	返回 Unicode 字符对应的整数
chr()	返回整数所对应的 Unicode 字符
bin()	将整数转换成二进制字符串
oct()	将整数转换成八进制字符串
hex()	将整数转换成十六进制字符串

转换函数的应用见例 7-2。
例 7-2　转换函数的应用

```
>>> bool('str')
True
>>> bool(0)
False
```

```
>>> int(3),int(3.6)
(3, 3)
>>> float(3),float('3.4')
(3.0, 3.4)
>>> complex('1+2j')
(1+2j)
>>> complex(2,21)
(2+21j)
>>> str(996),str('mnp')
('996', 'mnp')
>>> ord('a')
97
>>> chr(97)
'a'
>>> bin(3),oct(10),hex(15)
('0b11', '0o12', '0xf')
```

需要注意的是，int()函数不传入参数时，返回值为 0；float()函数不传入参数时，返回值为 0.0；complex()函数的两个参数都不提供时，返回值为复数 0j。

7.1.4　序列操作函数

序列是一种重要的数据结构，包括列表、元组、字符串等，表 7-3 列出的常用的序列操作函数主要面向列表、元组两种组合数据类型。

表 7-3　常用的序列操作函数

函数名	功能说明
all()	判断可迭代对象的每个元素是否都为 True 值
any()	判断可迭代对象的元素是否有为 True 值的元素
range()	产生一个序列，默认从 0 开始
map()	使用指定方法操作传入的每个可迭代对象的元素，生成新的可迭代对象
filter()	使用指定方法过滤可迭代对象的元素
reduce()	使用指定方法累积可迭代对象的元素
zip()	聚合传入的每个迭代器中相同位置的元素，返回一个新的元组类型迭代器
reversed()	反转序列生成新的可迭代对象
sorted ()	对可迭代对象进行排序，返回一个新的列表

序列操作函数相对较复杂，下面分类介绍各种函数。

1. all()函数和 any()函数

all()函数的参数一般是可迭代对象，例如列表、元组、字典等组合数据类型。如果每个参数的逻辑值是 True，则返回 True，否则返回 False。any()函数与 all()函数相反，只要组合数据类型中任何一个元素的逻辑值是 True,则返回 True;全部元素都是 False 时,则返回 False。

需要注意的是，如果组合数据类型的元素为整数 0、空字符串时，all()函数返回 False；

但不含任何元素的空列表、空元组作为 all()函数的参数时，则返回 True。

all()函数和 any()函数的应用见例 7-3。

例 7-3　all()函数和 any()函数的应用

```
>>> all([1,2])          # 列表中每个元素逻辑值均为 True，返回 True
True
>>> all([0,1,2])        # 列表中元素 0 的逻辑值为 False，返回 False
False
>>> all(())             # 空元组
True
>>> all({})             # 空字典
True
>>> any([0,1,2])        # 列表元素有一个为 True，则返回 True
True
>>> any([0,0])          # 列表元素全部为 False，则返回 False
False
>>> any([])             # 空列表
False
```

2. range()函数

Python 的 range()函数返回的是一个可迭代对象，多用于 for 循环中。使用 list()函数可以将返回值转换为一个列表。range() 函数的语法格式如下。

```
range(start, stop[, step])
```

其中，start、stop、step 均为整数，start 表示计数开始，默认值为 0；stop 表示计数结束（不包含 stop）；step 表示步长，默认值为 1。

range()函数的应用见例 7-4。

例 7-4　range()函数的应用

```
>>> r1 = range(10)          # 从 0 开始到 9
>>> print(list(r1))
[0, 1, 2, 3, 4, 5, 6, 7, 8, 9]
>>> r2 = range(1, 11)       # 从 1 开始到 10
>>> print(list(r2))
[1, 2, 3, 4, 5, 6, 7, 8, 9, 10]
>>> r3 = range(0, 10, 3)    # 步长为 3
>>> print(list(r3))
[0, 3, 6, 9]
>>> r4 = range(0, -10, -1)  # 步长为负数
>>> print(list(r4))
[0, -1, -2, -3, -4, -5, -6, -7, -8, -9]
>>> type(r4)                # range 类型
<class 'range'>
>>>
```

3. map()函数

map()函数用于将指定序列中的所有元素作为参数，通过指定函数，将结果构成一个新的序列返回，其语法格式如下。

```
map(function, iter1[, iter2,…])
```

其中，function 是函数，iter1、iter2 等是序列。map()函数的参数可以有多个序列，序列个数由映射函数 function 的参数个数决定。简单地说，就是根据指定的映射函数对多个参数序列进行运算，从而形成新的序列。

map()函数的应用见例 7-5，其中 map()函数的返回值是迭代器对象 map，通过 list()函数可以将其转换为列表对象以方便显示。

例 7-5　map()函数的应用

```
>>> m1 = map(lambda x,y:x*y,[3,4,5],[4,5,6])
>>> type(m1)
<class 'map'>
>>> print(m1)
<map object at 0x03EAC690>
>>> print(list(m1))
[12, 20, 30]
```

在上述代码中，匿名函数 lambda x,y:x*y 是 map()函数的第一个参数，因为 lambda 函数有两个参数，所以 map()函数后面需要有两个列表作为 lambda 函数的参数。

运算结果类型为 map，最后将其转换为列表打印显示。

在例 7-6 中，map()函数的第一个参数是一个求阶乘的函数，第二个参数是一个元组，功能是计算一个列表中所有元素的阶乘值。

例 7-6　map()函数计算阶乘

```
>>> def fact(n):
...     t = 1
...     for i in range(1,n+1):
...             t = t*i
...     return t

>>> m2 = map(fact,(3,4,5,6))
>>> print(list(m2))
[6, 24, 120, 720]
```

4. filter()函数

filter()函数会对指定序列执行过滤操作，其语法格式如下。

```
filter(function, iter)
```

其中，第一个参数 function 是用于过滤的函数，该函数只能接收一个参数，且该函数的返回值为布尔值；第二个参数 iter 是列表、元组或字符串等序列。

filter()函数的作用是将序列参数中的每个元素分别调用 function 函数，并返回执行结果为 True 的元素，具体应用见例 7-7。

例 7-7　filter()函数的应用

```
# filter()函数第一个参数是 lambda 函数，筛选奇数
>>> f1 = filter(lambda x:x%2,[1,2,3,4,5])
>>> print(list(f1))
[1, 3, 5]
# filter()函数第一个参数是 vowel()函数，筛选含有元音字符的单词
>>> def vowel(word):
```

```
... if word.find('a') >= 0 or word.find('e') >= 0 or word.find('i') >= 0\
...    or word.find('o') >= 0 or word.find('u') >= 0:
...       return word
>>> f2 = filter(vowel,["python", "php", "java", "c++", "html"])
>>> print(list(f2))
['python', 'java']
```

5. reduce()函数

reduce()函数用于将指定序列中的所有元素作为参数，并按一定的规则调用指定函数，其语法格式如下。

```
reduce(function, iter)
```

其中，function 是映射函数，该函数必须有两个参数；参数 iter 是序列。reduce()函数首先以 iter 的第 1 个和第 2 个元素为参数调用映射函数，然后将返回结果与第 3 个元素作为参数调用映射函数，以此类推，直至应用到序列的最后一个元素，才将计算结果作为 reduce()函数的返回结果。

需要说明的是，自 Python 3 以后，reduce()函数就不再是 Python 的内置函数了，用户需要从 functools 模块中导入后才能调用，具体应用见例 7-8。

例 7-8　reduce()函数的应用

```
>>> from functools import reduce
>>> r1 = reduce(lambda x,y:x+y,(1,2,3,4,5))
>>> print(r1)
15
# reduce()函数的第 3 个参数设置初值为 10000
>>> r2 = reduce(lambda x,y:x+y,(1,2,3,4,5),10000)
>>> print(r2)
10015
# 基于整数列表生成整数数值
>>> r3 = reduce(lambda x,y: x*10+y, [1,2,3,4,5])
>>> print(r3)
12345
```

6. zip()函数

zip()函数以一个或多个序列作为参数，将序列中的元素打包成多个元组，并返回由这些元组组成的列表，其语法格式如下。

```
zip(iter1[,iter2,…])
```

zip()函数的应用见例 7-9。

例 7-9　zip()函数的应用

```
# 由一个列表生成的元组
>>> z1 = zip([1,3,5])
>>> print(list(z1))
[(1,), (3,), (5,)]
# 由两个列表生成的元组，参数是列表
>>> z2 = zip([1,3,5],[2,4,6])
>>> print(list(z2))
[(1, 2), (3, 4), (5, 6)]
```

```
# 由三个列表生成的元组，参数是元组
>>> z3 = zip((1,3,5),(2,4,6),('a','b','c'))
>>> print(list(z3))
[(1, 2, 'a'), (3, 4, 'b'), (5, 6, 'c')]
# 由不同长度序列生成的元组，返回列表长度与最短列表相同
>>> z4 = zip([1,3,5,7],[2,4,6],['a','b','c'])
>>> print(list(z4))
[(1, 2, 'a'), (3, 4, 'b'), (5, 6, 'c')]
>>> type(z1)
<class 'zip'>
```

7. reversed()函数和 sorted()函数

reversed()函数用于反转序列，生成新的可迭代对象；sorted()函数对可迭代对象进行排序，返回一个新的列表。

reversed()函数的应用见例 7-10。

例 7-10　reversed()函数的应用

```
>>> r1 = range(10)
>>> r2 = reversed(r1)          # r2 是反转的可迭代对象
>>> type(r2)
<class 'range_iterator'>
>>> list(r2)
[9, 8, 7, 6, 5, 4, 3, 2, 1, 0]
```

sorted()函数的语法格式如下。

```
sorted(iter, key = None, reverse = False)
```

sorted()函数接受 3 个参数，返回一个排序后的 list。参数 iter 是一个可迭代的对象；参数 key 接受一个回调函数，这个回调函数只能有一个参数，其返回值将作为排序依据；参数 reverse 是一个布尔值，选择是否反转排序结果。sorted()函数的应用见例 7-11。

例 7-11　sorted()函数的应用

```
>>> str1 = ['a','b','d','c','B','A']
# 默认按字符的 ASCII 码排序
>>> sorted(str1)
['A', 'B', 'a', 'b', 'c', 'd']
# 转换成小写字母后再排序
>>> sorted(str1,key = str.lower)
['a', 'A', 'b', 'B', 'c', 'd']
>>> sorted(str1,reverse = True,key = str.lower)
['d', 'c', 'b', 'B', 'a', 'A']
```

7.1.5　Python 操作相关函数

Python 操作相关函数包括 help()、dir()、type()、id()、hash()等，用于查询对象或方法的信息。

1. help()函数

help()函数用于显示参数的帮助信息，其语法格式如下。

```
help(parameters)
```

如果参数是一个字符串，则会自动搜索以参数命名的模块、方法等；如果参数是一个对象，则会显示这个对象的类型的帮助信息。

help()函数的应用见例 7-12。

例 7-12　help()函数的应用

```
# 显示 reduce()方法的相关信息
>>> help(reduce)
Help on built-in function reduce in module _functools:

reduce(...)
    reduce(function, sequence[, initial]) -> value

    Apply a function of two arguments cumulatively to the items of a sequence,
    from left to right, so as to reduce the sequence to a single value.
    For example, reduce(lambda x, y: x+y, [1, 2, 3, 4, 5]) calculates
    (((((1+2)+3)+4)+5).  If initial is present, it is placed before the items
    of the sequence in the calculation, and serves as a default when the
    sequence is empty.
# 显示列表对象的相关信息
>>> help([])
Help on list object:

class list(object)
 |  list() -> new empty list
...
```

2. dir()函数

dir()函数返回参数当前作用域内的属性列表，其语法格式如下。

```
dir(parameters)
```

dir()函数的应用见例 7-13。

例 7-13　dir()函数的应用

```
>>> dir(zip)
['__class__', '__delattr__', '__dir__', '__doc__', '__eq__', '__format__', '__ge__',
'__getattribute__', '__gt__', '__hash__', '__init__', '__init_subclass__', '__iter__',
'__le__', '__lt__', '__ne__', '__new__', '__next__', '__reduce__', '__reduce_ex__',
'__repr__', '__setattr__', '__sizeof__', '__str__', '__subclasshook__']
    >>> import math
    >>> dir(math)
['__doc__', '__loader__', '__name__', '__package__', '__spec__', 'acos', 'acosh',
 'asin', 'asinh', 'atan', 'atan2', 'atanh', 'ceil', 'copysign', 'cos', 'cosh',
'degrees','e', 'erf', 'erfc', 'exp', 'expm1', 'fabs', 'factorial', 'floor', 'fmod',
'frexp', 'fsum', 'gamma', 'gcd', 'hypot', 'inf', 'isclose', 'isfinite', 'isinf',
'isnan', 'ldexp', 'lgamma', 'log', 'log10', 'log1p', 'log2', 'modf', 'nan', 'pi',
 'pow', 'radians', 'sin', 'sinh', 'sqrt', 'tan', 'tanh', 'tau', 'trunc']
```

3. type()函数和 id()函数

type()函数用于返回参数的类型，可用来调试程序或查看对象信息。id()函数用于返回对象（参数）的唯一标识符。type()函数和 id()函数的应用见例 7-14。

例 7-14　type()函数和 id()函数的应用

```
>>> lst1 = [1,2,3]
>>> lst2 = lst1
>>> lst3 = lst1.copy()
>>> id(lst1),id(lst2),id(lst3)
(65755776, 65755776, 65755936)
>>> type([])
<class 'list'>
```

4. hash()函数

hash()函数用于获取对象的哈希值。

课堂练习

（1）写出下面函数的运行结果。

```
>>> divmod(9.4,4)
>>> divmod(9,4)
>>> pow(3,0.5)
>>> sum((1,2,3,4),-10)
>>> sum((1,2,3,4))
>>> sum(1,2,3,4)
>>> name = "alan TURING"
>>> print(name.title())
>>> print(name.upper())
>>> print(name.lower())
>>> all([1,True,True])
```

（2）写出下面程序的运行结果

```
lst = []
for i in range(26):
    lst.append(chr(i+ord("a")))
print(lst)
```

任务 7.2　应用标准库实现计算功能

【任务描述】

Python 标准库也称内置库或内置模块，是 Python 的组成部分，随 Python 解释器一起安装在系统中，进一步扩展了 Python 语言的功能。Python 的标准库包含很多模块，模块导入后才能使用。本节任务如下。

（1）使用 math 库的三角函数、幂函数，交互输入数值后输出运算结果；使用 math 库的转换函数实现角度和弧度的转换。

（2）使用 random 库的函数生成包括数字、大写字符和小写字符的 4 位验证码。

7.2.1 math 库

math 库是 Python 内置的数学函数库，提供支持整数和浮点数运算的函数。math 库共提供了 4 个数学常数和 44 个函数，其中包含数值运算函数、幂函数、对数函数、三角函数和高等特殊函数等。执行 dir(math) 命令可以查看 math 库中的属性、常量和函数，见例 7-15。

例 7-15 查看 math 库

```
>>> import math
>>> dir(math)
['__doc__', '__loader__', '__name__', '__package__', '__spec__', 'acos', 'acosh',
'asin', 'asinh', 'atan', 'atan2', 'atanh', 'ceil', 'copysign', 'cos', 'cosh',
'degrees', 'e', 'erf', 'erfc', 'exp', 'expm1', 'fabs', 'factorial', 'floor', 'fmod',
'frexp', 'fsum', 'gamma', 'gcd', 'hypot', 'inf', 'isclose', 'isfinite', 'isinf',
'isnan', 'ldexp', 'lgamma', 'log', 'log10', 'log1p', 'log2', 'modf', 'nan', 'pi',
'pow', 'radians', 'sin', 'sinh', 'sqrt', 'tan', 'tanh', 'tau', 'trunc']
```

本小节以 math 库中的部分函数为例说明 math 库的应用，见表 7-4。math 库中函数较多，读者在学习过程中只需要掌握常用函数即可。在实际编程中，可以通过查看 Python 的帮助文档使用 math 库。

表 7-4 math 库的部分函数

函数	功能说明	示例
math.e	自然常数 e	>>> math.e 2.718281828459045
math.pi	圆周率 pi	>>> math.pi 3.141592653589793
math.degrees(x)	弧度转换为角度	>>> math.degrees(math.pi) 180.0
math.radians(x)	角度转换为弧度	>>> math.radians(45) 0.785398163397448 3
math.exp(x)	返回 e 的 x 次方	>>> math.exp(2) 7.38905609893065
math.log10(x)	返回 x 的以 10 为底的对数	>>> math.log10(2) 0.30102999566398114
math.pow(x, y)	返回 x 的 y 次方	>>> math.pow(5,3) 125.0
math.sqrt(x)	返回 x 的平方根	>>> math.sqrt(3) 1.7320508075688772
math.ceil(x)	返回不小于 x 的整数	>>> math.ceil(5.2) 6.0
math.floor(x)	返回不大于 x 的整数	>>> math.floor(5.8) 5.0
math.trunc(x)	返回 x 的整数部分	>>> math.trunc(5.8) 5
math.fabs(x)	返回 x 的绝对值	>>> math.fabs(−5) 5.0

续表

函数	功能说明	示例
math.fmod(x, y)	返回 $x\%y$（取余）	>>> math.fmod(5,2) 1.0
math.fsum([x, y, ...])	返回无损精度的和	>>> math.fsum([0.1, 0.2, 0.3]) 0.6
math.factorial(x)	返回 x 的阶乘	>>> math.factorial(5) 120
math.isinf(x)	若 x 为无穷大，返回 True；否则，返回 False	>>> math.isinf(1.0e+308) False
math.isnan(x)	若 x 不是数字，返回 True；否则，返回 False	>>> math.isnan(1.2e3) False

使用 import 语句或 from 语句导入 math 库后，才能使用库中的函数。

7.2.2 random 库

random 库中的函数主要用于产生各种分布的伪随机数序列。random 库中的随机数函数是按照一定算法模拟产生的，其概率是确定的、可见的，被称为伪随机数。而真正意义上的随机数是按照实验过程中表现的分布概率随机产生的，其结果是不可预测的。

random 库可以生成不同类型的随机数函数，所有函数是基于最基本的 random.random() 函数扩展实现的。读者只需要查阅该库中的随机数生成函数，根据应用需求使用即可。

例 7-16 显示了 random 库的内容。

例 7-16　查看 random 库

```
>>> import random
>>> dir(random)
['BPF', 'LOG4', 'NV_MAGICCONST', 'RECIP_BPF', 'Random', 'SG_MAGICCONST', 'SystemRandom',
'TWOPI', '_BuiltinMethodType', '_MethodType', '_Sequence', '_Set', '__all__',
'__builtins__', '__cached__', '__doc__', '__file__', '__loader__', '__name__',
'__package__', '__spec__', '_acos', '_bisect', '_ceil', '_cos', '_e', '_exp', '_inst',
'_itertools', '_log', '_pi', '_random', '_sha512', '_sin', '_sqrt', '_test',
'_test_generator', '_urandom', '_warn', 'betavariate', 'choice', 'choices',
'expovariate', 'gammavariate', 'gauss', 'getrandbits', 'getstate', 'lognormvariate',
'normalvariate', 'paretovariate', 'randint', 'random', 'randrange', 'sample',
'seed', 'setstate', 'shuffle', 'triangular', 'uniform', 'vonmisesvariate', 'weib
ullvariate']
```

表 7-5 列出了 random 库常用的函数，random 库也需要导入后使用。

表 7-5　random 库常用的函数

函数	功能说明
random.random()	返回一个介于左闭右开[0.0,1.0)区间的浮点数
random.randint(a, b)	返回[a,b]区间内的一个随机整数
random.randrange(stop)	返回(0,stop)区间内的一个整数

函　数	功能说明
random.choice(seq)	从非空序列 seq 中随机选取一个元素。如果 seq 为空，则报告 IndexError 异常
random.uniform(a, b)	返回[a,b]区间的浮点数。如果 a>b，则是 b 到 a 之间的浮点数
random.randrange(start, stop[, step])	返回[start,stop]区间内的一个整数，参数 step 为步长
random.shuffle(x[,random])	随机打乱可变序列 *x* 内元素的排列顺序
random.seed(a = None)	初始化伪随机数生成器

random 库中函数的应用见例 7-17。

例 7-17　random 库中函数的应用

```
>>> import random
>>> random.random()
0.017935172691052936
>>> random.randint(8,20)
17
>>> random.randrange(10)
7
>>> random.choice(['a','b','c','d','e'])
'c'
>>> random.uniform(10,20)
13.23224034533201
>>> random.randrange(3,30,3)
3
>>> lst = ['a','b','c','d','e']
>>> random.shuffle(lst)
>>> lst
['e', 'c', 'd', 'a', 'b']
```

7.2.3　datetime 库

Python 处理日期和时间的函数主要包括 time 和 datetime 两个库。其中，datetime 库基于 time 库进行了封装，提供了更多实用的类或函数。用户通过 datetime 库可以获得或设置系统时间并选择输出格式。

datetime 库以类的方式提供多种日期和时间的表达方式。表 7-6 给出了 datetime 库中的类，这些类的对象都是不可变的。需要说明的是，类和对象是面向对象编程的核心概念，datetime 库的类可以理解为一种数据类型。

表 7-6　datetime 库中的类

类名称	功能说明
datetime.date	表示日期，常用的属性包括 year、month、day
datetime.time	表示时间，常用的属性包括 hour、minute、second、microsecond
datetime.datetime	表示日期时间

类名称	功能说明
datetime.timedelta	表示两个 date、time、datetime 实例之间的时间间隔
datetime.tzinfo	时区相关信息对象的类。由 datetime 和 time 类使用
datetime.timezone	Python 3.2 之后增加的功能，实现 tzinfo 的类，表示与 UTC 的固定偏移量

在实际编程中，常用的是 datetime 库中的 datetime 类，date 类和 time 类在应用上与 datetime 类差别不大。下面重点介绍 datetime 类的使用。

1. datetime 类的定义

datetime 类原型如下。

```
class datetime.datetime(year, month, day, hour = 0, minute = 0, second = 0, microsecond = 0, tzinfo = None)
```

其中，year、month 和 day 是必须要传递的参数。datetime 类参数的取值范围见表 7-7，如果有参数超出取值范围，会引发 ValueError 异常。

表 7-7　datetime 类参数的取值范围

参数名称	取值范围
year	[MINYEAR, MAXYEAR]
month	[1, 12]
day	[1, 指定年份的月份中的天数]
hour	[0, 23]
minute	[0, 59]
second	[0, 59]
microsecond	[0, 1000000]
tzinfo	tzinfo 的子类对象，如 timezone 类的实例

2. datetime 类的方法

datetime 类的方法表明该类可以完成的操作，常用方法见表 7-8。

表 7-8　datetime 类的常用方法

类的方法	描述
datetime.today()	返回表示当前日期时间的 datetime 对象
datetime.now([tz])	返回指定时区日期时间的 datetime 对象，如果不指定 tz 参数，则结果同上
datetime.utcnow()	返回当前 UTC 日期时间的 datetime 对象
datetime.fromtimestamp(timestamp[, tz])	根据指定的时间戳创建 datetime 对象
datetime.utcfromtimestamp(timestamp)	根据指定的 UTC 时间戳创建 datetime 对象
datetime.combine(date, time)	把指定的 date 和 time 对象整合成 datetime 对象
datetime.strptime(date_str, format)	将时间字符串转换为 datetime 对象

datetime 类的应用见例 7-18。

例 7-18　datetime 类的应用

```
>>> from datetime import datetime
>>> day1 = datetime.now()
>>> day1
datetime.datetime(2022, 09, 18, 13, 14, 40, 988963)
>>> print(day1)
2022-09-18 13:14:40.988963
>>> dtime1 = datetime(2021,12,22,13,40)
>>> print(dtime1)
2021-12-22 13:40:00
>>> type(dtime1)
<class 'datetime.datetime'>
>>> t1 = dtime1.time()
>>> type(t1)
<class 'datetime.time'>
>>> print("当前时间是{}:{}:{}".format(t1.hour,t1.minute,t1.second))
当前时间是 13:40:0
```

在例 7-18 中，dtime1、day1 是 datetime 类的对象，使用 t1 = dtime1.time()语句得到 time 类的对象。通过 type()函数测试 dtime1 和 t1 的类型，继续使用这两个对象的 hour、minute、second 等属性，得到描述时间的具体数据。

3. datetime 类中对象的方法或属性

datetime 类中对象的方法或属性见表 7-9，其中，dt 是 datetime 库中 datetime 类的对象。

表 7-9　datetime 类中对象的方法或属性

对象的方法/属性名称	描述
dt.year, dt.month, dt.day	返回对象的年、月、日
dt.hour, dt.minute, dt.second	返回对象的时、分、秒
dt.microsecond, dt.tzinfo	返回对象的微秒、时区信息
dt.date()	获取 datetime 对象对应的 date 对象
dt.time()	获取 datetime 对象对应的 time 对象，tzinfo 为 None
dt.timetz()	获取 datetime 对象对应的 time 对象，tzinfo 与 datetime 对象的 tzinfo 相同
dt.replace()	返回一个新的 datetime 对象，如果所有参数都为空，则返回一个与原 datetime 对象相同的对象
dt.timetuple()	返回 datetime 对象对应的元组（不包括 tzinfo）
dt.utctimetuple()	返回 datetime 对象对应 UTC 的元组（不包括 tzinfo）
dt.toordinal()	返回日期是自 0001-01-01 开始的第多少天
dt.weekday()	返回日期是星期几，取值范围为[0, 6]，0 表示星期一
dt.isocalendar()	返回一个元组，格式为 ISO year（格林威治年份），ISO week number（格林威治星期数），ISO weekday（格林威治星期几）
dt.isoformat([sep])	返回表示日期和时间的字符串
dt.ctime()	返回 24 个字符长度的时间字符串，如"Fri Aug 19 11:14:16 2016"
dt.strftime(format)	返回指定格式的时间字符串

datetime 类中对象的方法或属性的应用见例 7-19。

例 7-19　datetime 类中对象的方法或属性的应用

```
>>> from datetime import *
>>> dt = datetime.today()
>>> print("今天是{}年{}月{}日".format(dt.year,dt.month,dt.day))
今天是2022年9月21日
>>> print(dt.time())
07:50:52.190323
>>> tup1 = dt.timetuple()
>>> tup1
time.struct_time(tm_year = 2022, tm_mon = 9, tm_mday = 21, tm_hour = 7, tm_min = 30,
tm_sec = 52, tm_wday = 2, tm_yday = 264, tm_isdst = -1)
>>> print("当前日期是：{}年{}月{}日".format(tup1.tm_year,tup1.tm_mon,tup1.tm_mday))
当前日期是：2022年9月21日
>>> dt.ctime()
'Wed Sep 21 07:30:52 2022'
>>> dt.replace(month = 8)
datetime.datetime(2022, 8, 21, 7, 30, 52, 190323)
```

在例 7-19 中，dt.timetuple()返回的是一个时间元组。时间元组是一种日期型数据的表示形式，与用 datetime 对象、time 对象等表示日期的形式类似。元组中的 tm_ year、tm_mon、tm_mday、tm_hour、tm_min、tm_sec 等字段用于描述年、月、日、时、分、秒。

4. strftime()函数

strftime()函数可以按用户需要来格式化输出日期和时间，其语法格式如下。

```
dt.strftime(format[, t])
```

其中，dt 是一个 datetime（或 time）对象；参数 format 是格式字符串，格式化控制符见表 7-10；可选参数 t 是一个 struct_time 对象。

表 7-10　strftime()函数的格式化控制符

格式化控制符	取值范围
%y	两位数的年份表示（00～99）
%Y	四位数的年份表示（0000～9999）
%m	月份（01～12）
%d	月中的某天（0～31）
%H	24 小时制小时数（0～23）
%M	分钟数（00～59）
%S	秒（00～59）
%a	本地简化的星期名称
%A	本地完整的星期名称
%b	本地简化的月份名称
%B	本地完整的月份名称
%p	本地 A.M.或 P.M.的等价符

strftime()函数的应用见例 7-20。

例 7-20　strftime()函数的应用

```
>>> from datetime import datetime
>>> dt1 = datetime(2022,11,12,12,50)
>>> dt2 = datetime.today()

>>> dt1.strftime("%Y-%m-%d")
'2022-11-12'
>>> print("当前日期：{0:%Y}年 {0:%m}月 {0:%d}日".format(dt2))
当前日期：2022 年 09 月 21 日
>>> print(dt2.strftime("当前日期：%Y 年 %m 月 %d 日,%A"))
当前日期：2022 年 09 月 21 日, Wednesday
```

7.2.4　任务的实现

本小节任务是 math 库和 random 库中函数的应用，要点如下。

（1）使用 input()函数输入数据。

（2）使用 math 库的 sin()、cos()函数计算三角函数值，使用 exp()函数计算 e^x 值，使用 math 库的 degrees(x)函数、radians(x) 函数实现角度和弧度的互相转换。

（3）使用 random 库的函数生成包括数字、大写字符和小写字符的 4 位验证码。程序实现时，使用列表式生成大写字符、小写字符序列；使用 random.choice()函数随机产生字符；使用 random.shuffle()函数打乱验证码的顺序。

math 库中函数的应用见例 7-21。

例 7-21　math 库中函数的应用

```
1    import math
2    x = eval(input("请输入一个数值:"))
3    v1,v2,v3 = math.sin(x),math.cos(x),math.exp(x)
4    print("正弦、余弦和幂值分别是: {:.3f}, {:.3f}, {:.3f}".format(v1,v2,v3))
5    y = eval(input("请输入角度数值:"))
6    z = eval(input("请输入弧度数值:"))
7    v01 = math.radians(y);
8    v02 = math.degrees(z)
9    print("角度转换为弧度: {:.3f}度 = {:.3f}弧度".format(y,v01))
10   print("弧度转换为角度: {:.3f}弧度 = {:.3f}度".format(z,v02))
```

应用 random 库的函数生成验证码，见例 7-22。

例 7-22　应用 random 库的函数生成验证码

```
1    import random
2    digits = list("0123456789")
3    uppers = [chr(i) for i in range(65,91)]
4    lowers = [chr(i) for i in range(97,123)]
5    # print(digits,lowers,uppers)
6    ls = []
7    ls.append(random.choice(digits))
```

```
 8     ls.append(random.choice(uppers))
 9     ls.append(random.choice(lowers))
10     ls.append(random.choice(digits+uppers+lowers))
11     random.shuffle(ls)
12     print("".join(ls))
```

课堂练习

（1）写出下面代码的运行结果。

```
>>> import math
>>> math.cos(math.pi)
>>> math.asin(1)
>>> math.log(math.e)
>>> math.exp(1)
>>> math.pow(2,-3)
>>> math.pow(3,0.5)
```

（2）分析下面代码的运行结果。

```
>>> import random as r
>>> r.uniform(8,10)
>>> r.randrange(9,20)
>>> r.randint(9,20)
>>> r.choice((1,3,5,7,9))
```

任务 7.3　应用 turtle 库绘制图形

【任务描述】

turtle 库是用于绘制图形的标准库。turtle 是海龟的意思，turtle 绘图可以描述为由海龟爬行轨迹形成的图形，图形绘制的过程十分直观。turtle 库保存在 Python 安装目录的 Lib 文件夹下，需要导入后才能使用。

本节应用 **turtle** 库中的函数绘制正多边形和弧形，掌握图形绘制函数的使用。

7.3.1　turtle 的绘图坐标系

下面首先介绍 turtle 的绘图坐标系，然后介绍用于画笔控制、图形绘制的 turtle 库的常用函数。

在应用 turtle 绘图的画布上，默认的坐标系原点是画布中心，坐标是 (0,0)。原点上有一只面朝 *x* 轴正方向的海龟就是画笔，海龟在坐标系中爬行，通过"前进方向""后退方向""左侧方向"和"右侧方向"等命令调整自身角度来完成对坐标系的探索。

结合下面的代码，分析 turtle 的绘图坐标系，如图 7-1 所示。

```
from turtle import *
turtle.setup(500,300,200,200)
```

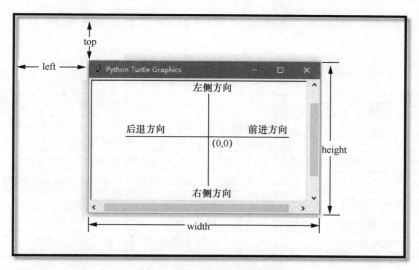

图 7-1　turtle 的绘图坐标系

turtle.setup()函数用于设置绘图窗口的大小和位置，其语法格式如下。

```
turtle.setup(width,height,top,left)
```

其中，参数 width 和 height 表示绘图窗口的宽度和高度。如果参数是整数，单位是像素；如果参数是小数，表示相对于屏幕的百分比。参数 top 和 left 表示窗口上边界和左边界与屏幕边界的距离，如果值是 None，表示窗口位于屏幕中央。

7.3.2　turtle 的画笔控制函数

turtle 的画笔控制函数主要用于设置画笔的状态，如画笔的抬起和落下，设置画笔的宽度、颜色等，具体见表 7-11。

表 7-11　turtle 的画笔控制函数

函数	功　能
turtle.penup()/turtle.pu()/turtle.up()	提起画笔，与 pendown()配合使用
turtle.pendown()/turtle.pd()/turtle.down()	放下画笔
turtle.pensize()/turtle.width()	设置画笔的宽度，若为空，则返回当前画笔的宽度
turtle.pencolor(colorstring)/turtle.pencolor((r,g,b))	设置画笔颜色，若无参数，则返回当前的画笔颜色
turtle.done()	停止画笔绘制，但绘图窗体不关闭

在 turtle.pencolor(colorstring)函数中，colorstring 是表示颜色的字符串，例如，"purple"、"red"、"blue"等，也可以使用(r,g,b)元组形式表示颜色值，r、g、b 每个分量的取值范围都是[0,255]。

7.3.3　turtle 的图形绘制函数

turtle 通过一组函数完成图形绘制，这种绘制是通过控制画笔的行进动作完成的，所以

turtle 的图形绘制函数也叫运动控制函数。这些函数用于控制画笔的前进、后退、方向等，具体见表 7-12。

表 7-12　turtle 的图形绘制函数

函数	功　能
turtle.fd(distance)/turtle.foward(distance)	控制画笔沿当前行进方向前进 distance 距离，distance 的单位是像素，当值为负数时，表示向相反方向移动
turtle.seth(angle)/turtle.setheading(angle)	改变画笔绘制方向，angle 是绝对方向的角度值
turtle.circle(radius, extents)	用来绘制一个弧形，根据半径 radius 绘制 extents 角度的弧形
turtle.left(angle)	向左旋转 angle 角度
turtle.right(angle)	向右旋转 angle 角度
turtle.setx(a)	将当前 x 轴移动到指定位置，a 的单位是像素
turtle.sety(b)	将当前 y 轴移动到指定位置，b 的单位是像素

图 7-2 所示的是 turtle 绘图的角度坐标系，该坐标系以正东向为绝对 0°，这是海龟的默认方向，正西向为绝对 180°。该坐标系是 turtle 的绝对方向体系，与海龟当前的爬行方向无关。因此，利用这个坐标系可以随时更改海龟的前进方向。

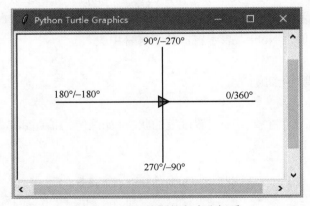

图 7-2　turtle 绘图的角度坐标系

turtle.circle() 是 turtle 图形绘制的重要函数，它根据半径 radius 绘制 extents 角度的弧形，格式如下。

```
turtle.circle(radius, extents)
```

其中，radius 是弧形半径，当值为正数时，弧形在海龟左侧；当值为负数时，弧形在海龟右侧。extents 是绘制弧形的角度，当不设置参数或参数值为 None 时，绘制整个圆形。

turtle 库是解释器直接安装在操作系统的标准库，需要导入。例 7-23 应用 turtle 库中的函数绘制正方形和正八边形。

例 7-23　应用 turtle 库中的函数绘制正方形和正八边形

```
1    import turtle as t
2    t.setup(800,300)
3    t.penup()
```

```
4    t.goto(-150,-50)
5    t.pendown()
6    for x in range(1,5):
7        t.forward(100)
8        t.left(90)
9
10   t.penup()
11   t.goto(70,-50)
12   t.pendown()
13   for x in range(8):
14       t.forward(50)
15       t.left(45)
16
17   t.done()
```

程序导入 turtle 库并定义为 t。使用 t.penup()、t.goto()、t.pendown()等函数移动画笔的位置，然后在 for 循环中应用 t.forward()和 t.left()函数绘制正方形和正八边型，程序运行结果如图 7-3 所示。

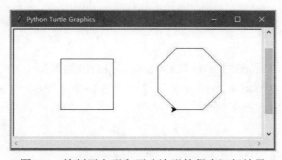

图 7-3　绘制正方形和正八边形的程序运行结果

应用 turtle 库中的 circle()函数绘制弧形，见例 7-24。

例 7-24　应用 turtle 库中的 circle()函数绘制弧形

```
1    import turtle
2    turtle.setup(400,240)
3
4    turtle.penup()
5    turtle.goto(-150,-50)
6    turtle.pendown()
7
8    turtle.fd(100)
9    turtle.circle(50,180)
10   turtle.fd(100)
11   turtle.circle(50,-180)
12
13   turtle.done()
```

在例 7-24 中，应用 turtle.goto()函数将画笔移至(-150,-50)，使用 circle()函数绘制右侧的弧形，再将画笔向前 100 像素，绘制左侧的弧形，程序运行结果如图 7-4 所示。

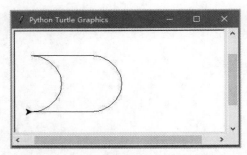

图 7-4　绘制弧形的程序运行结果

turtle 绘图离不开 turtle 的角度坐标系，参考图 7-2 可以看出以下几点。

- 初始时画笔在画布的中心。
- turtle.goto(x,y)函数可以画出从当前位置到坐标点(x,y)的直线，x 和 y 是绝对坐标值。
- circle()函数绘制弧形时，radius>0，圆心位置在画笔的左侧 radius 处，radius<0，圆心位置在画笔的右侧 radius 处；angle>0，画笔沿顺时针方向旋转 angle 度，angle<0，画笔沿逆时针方向旋转 angle 度。

课堂练习

（1）使用 turtle 库中的 turtle.fd()函数和 turtle.seth()函数绘制一个边长为 100 像素的正八边形，如图 7-5 所示。完善以下程序，补充【代码 1】和【代码 2】处的内容。

```
import turtle
turtle.pensize(2)
d = 0
for i in range(1, 【代码1】):
    turtle.fd(100)
    d += 【代码2】
    turtle.seth(d)
```

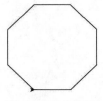

图 7-5　正八边形

（2）使用 turtle 库中的 turtle.fd()函数和 turtle.seth()函数绘制一个每方向长度为 100 像素的十字形，如图 7-6 所示。完善以下程序，补充【代码 1】和【代码 2】处的内容。

```
import turtle
for i in range(4):
    turtle.fd(100)
    【代码1】(-100)
    【代码2】((i+1)*90)
```

图 7-6　十字形

实　　训

实训 1　求两个共点力的合力

【训练要点】

（1）学习使用 math 库中的 sqrt()、sin()、cos()、degrees()等函数。

（2）了解求两个共点力的合力公式。

【需求说明】

（1）F_1 与 F_2 两个共点力合力的公式：$F = \sqrt{F_1^2 + F_2^2 + 2F_1F_2\cos\theta}$。

（2）合力与 F_1 的夹角 α 公式：$\mathrm{tg}\alpha = \dfrac{F_2\sin\theta}{F_1 + F_2\cos\theta}$。

【实现要点】

（1）F_1 与 F_2 两个力及夹角 θ 通过赋值实现。

（2）两个力的夹角用弧度表示，弧度转换为角度使用 math.degrees()函数。

（3）应用 math.atan()函数得到合力与 F_1 的夹角的弧度值。

【代码实现】

```
1    import math
2    F1 = 78
3    F2 = 92
4    theta = math.pi/4
5    F = math.sqrt(F1*F1+F2*F2+2*F1*F2*math.cos(theta))
6    tga = F2*math.sin(theta)/(F1+F2*math.cos(theta))
7    a = math.atan(tga)
8    print("F1 和 F2 的合力是{:.2f},\n 生成的合力与 F1 的夹角是\
{:.2f}度".format(F,math.degrees(a)))
```

实训 2　多边螺旋图形的绘制

【训练要点】

（1）学习使用 turtle 库的 pensize()、pencolor()、shape()等函数。

（2）使用 for 循环控制绘图次数。

【需求说明】

（1）输入绘制图形的边数和绘制次数。

（2）输出多边螺旋图形。

【实现要点】

（1）绘图的初始化工作，包括设置窗口的大小、画笔的宽度、画笔的颜色等。

（2）根据输入的图形边数 sides，使用 degrees=360/sides 计算旋转角度。

（3）使用 for 循环绘制图形。每笔绘制完成后，画笔沿顺时针方向旋转 degrees 度。

【代码实现】

```
1   '''绘制多边螺旋图形'''
2   sides = eval(input("请输入图形的边数:"))
3   times = eval(input("请输入绘制次数:"))
4   degrees = 360/sides
5   import turtle
6   turtle.setup(400,360)
7   turtle.pensize(2)                # 设置画笔宽度为 2 像素
8   turtle.pencolor("black")         # 设置画笔颜色为黑色
9   turtle.shape("turtle")           # 设置画笔形状为"海龟"
10   turtle.speed(10)                # 设置绘图速度为 10
11  a = 5                            # 起始移动长度 a 为 5 像素
12  for i in range(times):
13      a = a+1                      # 移动长度 a 每次增加 1 像素
14      turtle.left(degrees)
15      turtle.fd(a)                 # 画笔向前移动 a 像素
16      turtle.hideturtle()          # 隐藏画笔
17  turtle.done()                    # 结束绘制
```

绘制 100 次得到的多边螺旋图形如图 7-7 所示。

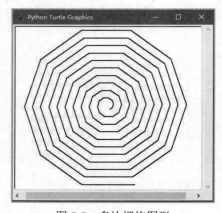

图 7-7　多边螺旋图形

小　　结

本章主要介绍了 Python 的内置函数、Python 的标准库和 turtle 绘图的内容。

　　Python 的内置函数是可以自动加载、直接使用的函数，包括数学运算、字符串运算、类型转换、序列操作等函数。

　　Python 的标准库随 Python 解释器一起安装在系统中，是 Python 的组成部分，也称内置库或内置模块，导入后才能使用。本章重点介绍了 math 库、random 库、datetime 库等内容。

　　本章还介绍了 turtle 库的绘图应用，这部分是全国计算机二级考试的内容。

　　请读者结合本书的示例深入领会各种函数的使用方法，掌握常用的内置函数。

课后习题

1．简答题

（1）列出 5 种常用的数学运算和字符串运算的内置函数。

（2）举例说明函数 math.fmod() 和运算符 % 在模运算方面的不同。

（3）比较 math 库中的函数 math.floor(x)、math.ceil(x)、math.trunc(x) 的不同。

（4）举例说明 random 库中 5 种函数的功能。

（5）turtle.setup() 函数的功能是什么？

2．选择题

（1）下列选项中，**不属于** Python 标准库的是（　　　）。

A．turtle　　　　　　　B．random　　　　　C．math　　　　　　　　D．PIL

（2）下列哪个函数**不属于**序列操作函数？（　　　）

A．map()　　　　　　　B．reduce()　　　　　C．filter()　　　　　　　D．lambda

（3）关于 Python 的内置函数 chr(i) 的说法中，正确的是（　　　）。

A．返回参数 i 的 Unicode 值　　　　　　　B．将整数 i 转换为二进制数

C．参数 i 必须是十进制整数　　　　　　　D．返回 Unicode 值为 i 的字符

（4）关于 Python 的内置函数 sorted(x) 的说法中，正确的是（　　　）。

A．对组合数据类型 x 进行排序，默认为从小到大

B．参数 x 不可以是字符串

C．组合数据类型的元素只有是数值型时，才能使用 sorted(x) 排序

D．不支持 sorted(x,reverse = True) 函数调用格式

（5）random.uniform(a, b) 的作用是（　　　）。

A．生成一个 [0.0, 1.0) 的随机小数　　　　B．生成一个 [a, b) 的随机小数

C．生成一个 [a, b] 的随机小数　　　　　　D．生成一个 [a,b) 的随机整数

（6）关于 str(x) 函数的描述中，正确的是（　　　）。

A．将 x 转换为字符串类型

B．x 只能是数值类型、布尔类型，不可以是组合数据类型

C．x = 10，执行 y = len(str(x)) 后，y 的值是 10

D．str(x) 除了将 x 转换为字符串外，兼有排序功能

（7）以下关于 turtle 库的描述，**不正确**的是哪一项？（　　　）

A．seth(x) 是 setheading(x) 函数的别名，让画笔旋转 x 角度

B．home()函数设置当前画笔位置回到原点，方向朝上（正北）

C．可以使用 import turtle 语句导入 turtle 库

D．导入 turtle 库后，可以用 turtle.circle()语句画一个圆

（8）turtle 绘制结束后，让画面停顿，不立即关掉窗口的方法是哪一种？（　　）

A．turtle.clear()　　　　　B．turtle.setup()　　C．turtle.penup()　　　　D．turtle.done()

3．阅读程序

（1）下面程序运行后，生成的图形是什么？

```
import turtle
turtle.setup(400,360)
turtle.pensize(2)                    # 设置画笔宽度为 2 像素
turtle.pencolor("purple")            # 设置画笔颜色为紫色
turtle.shape("turtle")               # 设置画笔形状为"海龟"
turtle.penup()
turtle.goto(-50,0)
turtle.pendown()

turtle.seth(45)
turtle.fd(150)
turtle.seth(-45)
turtle.fd(150)
turtle.done()
```

（2）下面程序运行后，生成的图形是什么？

```
import turtle as t
t.circle(40)
t.circle(60)
t.circle(80)
t.done()
```

4．编程题

（1）使用 random 库，产生 10 个 100～200 的随机数，并求它们的最大值、平均值、标准差和中位数。

（2）使用 datetime 库，对某一个日期（含时间）数据输出不少于 8 种日期格式。

（3）使用 turtle 库绘制一个叠加三角形，效果如图 7-8 所示。

（4）给定的字符串 str 如下。

图 7-8　叠加三角形的效果

```
str = '''
[1] [美] 约翰·哈伯德（John Hubbard）. Java 程序设计学习指导与习题解答（第 2 版）[M]. 金名等，译.
北京：清华大学出版社，2009.
'''
```

在 Unicode 字符集中，基础中文字符的编码范围是[0X 4E00~0X 9FA5]，统计并输出字符串 str 中的中文字符个数、最大的中文字符和最小的中文字符。

第 8 章 使用模块和库编程

Python 作为高级编程语言，适合开发各类应用程序。编写 Python 程序可以使用内置的标准库、第三方库，也可以使用用户自己开发的函数库。Python 的编程思想注重运用各种函数库完成应用系统的开发。本章将介绍模块和包的概念，下载和使用第三方库，构建用户自己的模块等内容。

◇ 学习目标

（1）掌握模块和包的概念。
（2）学习第三方库的下载和使用。
（3）掌握 jieba 库的应用。
（4）比较函数、模块和第三方库的概念，从更高视角学习 Python 的开发和应用。

◇ 知识结构

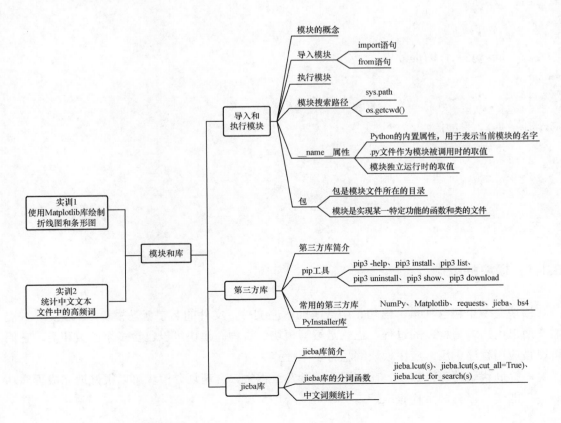

任务 8.1　导入和执行模块

【任务描述】

库、模块、包、函数等多个概念是从不同角度来构建 Python 程序的。本节任务是掌握模块和包的概念及应用。下面给出了一个简单的包结构，见表 8-1，以及部分程序代码，帮助读者实践并掌握 dir()函数、__name__属性、__all__属性、__file__属性，在 IDLE 环境下导入abs.py 并执行该模块。

（1）包结构

表 8-1　一个简单的包结构

文件/目录	功能描述
F:/pythonpkg	PYTHONPATH 中的目录
F:/pythonpkg/pkg2	包目录
F:/pythonpkg/pkg2/ __init__.py	包代码
F:/pythonpkg/pkg2/abs.py	abs 模块

（2）__init__.py 文件的部分内容

```
#__init__.py
g = 9.8
kilo = 1024
```

（3）abs.py 文件的部分内容

```
#abs.py
'''
Python 包和模块测试程序
完成时间：2022 年 7 月
'''
def abs(x):
    if x>0:return x
    else:return -x
if __name__ == "__main__":
    print("please use me as a module.")
```

8.1.1　模块的概念

模块是一个包含变量、语句、函数等的程序文件，文件的名字就是模块名加上.py 扩展名，所以用户编写程序的过程，也就是编写模块的过程。模块可以包含多个函数和类，它们可以被应用程序调用。应用模块编程有以下优点。

- 提高代码的可维护性。在应用系统开发过程中，合理划分模块可以很好地完成程序功能定义，有利于代码维护。

- 提高代码的可重用性。模块是按功能划分的程序，编写好的 Python 程序以模块的形式保存，方便其他程序使用。程序中使用的模块可以是用户自定义模块、Python 内置模块或来自第三方的模块。
- 有利于避免命名冲突。相同名字的函数和变量可以分别存在于不同模块中，用户在编写模块时，不需要考虑变量名冲突的问题。

8.1.2　导入模块

使用模块中的变量或函数，需要先导入该模块。导入模块可使用 import 或 from 语句，语法格式可以是下面的任意一种。

```
import modulename [as alias]
from modulename import fun1, fun2,…
```

其中，modulename 是模块名，alias 是模块的别名，fun1、fun2 是模块中的函数。在以上格式的基础上，还可以使用文件名通配符或以别名的形式导入。

1. import 语句

import 语句用于导入整个模块，可以使用 as 选项为导入的模块指定一个别名。模块导入后，可通过模块名或模块的别名来调用其中的函数。例 8-1 使用 import 语句导入模块，即导入内置模块 math 并调用其中的常量或函数。

例 8-1　使用 import 语句导入模块

```
>>> import math          # math 是 Python 内置模块
>>> math.pi              # math 模块中的常数 pi
3.141592653589793
>>> math.fmod(10, 3)     # 求余数函数
1.0
>>> import math as m
>>> m.e
2.718281828459045
>>> m.fabs(-10)
10.0
```

一些应用系统的功能往往由多个模块来实现。有时也将通用的功能集中在一个或多个模块文件中，然后在其他模块中导入使用。

2. from 语句

from 语句用于导入模块中的指定对象。导入的对象可以直接使用，不再需要通过模块名来指明对象所属的模块。使用 from 语句导入模块见例 8-2。

例 8-2　使用 from 语句导入模块

```
>>> from random import random    # 导入内置模块 random
>>> random()                     # 返回 0.0～1.0 的随机小数
0.594028460732055
>>> from random import *          # 导入 random 模块中的所有对象
>>> randint(10, 20)              # 返回[10,20]的随机整数
16
```

```
>>> uniform(5,10)                        # 返回[5,10]的浮点数
7.894174947413747
>>> from random import uniform as u
>>> u(5,10)
6.7956571422620975
```

8.1.3　执行模块

使用 import 语句或 from 语句执行导入操作时，导入的模块将会被自动执行。模块中的赋值语句被执行后会创建变量，def 语句被执行后会创建函数，等等。总之，模块中的全部语句都会被执行，但只执行一次。如果再次使用 import 语句或 from 语句导入同一模块，模块就不会被执行了，但会重新建立对已经创建对象的引用。

例 8-3 和例 8-4 分别展示了使用 import 语句和 from 语句导入用户自己建立的模块。注意观察模块中变量的变化情况，比较两种导入方式的区别。

例 8-3　使用 import 语句导入用户自己建立的模块

```
# 模块文件mymodule.py
x = 1
def testm():
    print("This is a test,in function testm()")
print("module output test1")
print("module output test2")
```

模块文件 mymodule.py 中定义了变量 x、函数 testm()和两个打印语句，下面是在交互模式下导入模块文件时，代码的执行情况。

```
>>> import mymodule          # 导入模块，mymodule 中的导入语句被执行
module output test1
module output test2
>>> mymodule.x
1
>>> mymodule.testm()         # 执行模块中的函数
This is a test,in function testm()
>>> mymodule.x = 100         # 为模块中的变量重新赋值

>>> help(mymodule)           # 查看模块信息
Help on module mymodule:
NAME
    mymodule
FUNCTIONS
    testm()
DATA
    x = 100
FILE
    D:\pythonfile310\ch09\mymodule.py
>>> dir(mymodule)
['__builtins__', '__cached__', '__doc__', '__file__', '__loader__', '__name__',
```

```
'__package__', '__spec__', 'testm', 'x']
```

　　从执行结果可以看出，模块导入后被自动执行。在导入模块时，Python 会使用模块文件创建一个模块对象，即由 mymodule 模块生成 mymodule 对象，模块中的变量名或函数名成为对象的属性。help()函数可以查看模块中对象的属性信息。

　　使用下面的代码重新导入 mymodule 模块，观察变量 x 的变化。

```
# 重新导入模块
>>> import mymodule
>>> temp = mymodule
>>> temp.x
100
>>> temp.testm()
This is a test,in function testm()
```

　　从输出结果可以看出，重新导入模块并没有改变模块中变量 x 已有的赋值。而且，mymodule 模块中的 print()函数在第 2 次导入时也没有被执行。

　　Python 为模块对象添加了一些内置的属性，dir()函数可以列出模块的属性列表，其中，以双下画线 "__" 开头和结尾的是 Python 的内置属性，其他为模块中的变量名。

　　如果使用 from 语句导入用户自己建立的模块，执行过程见例 8-4。

　　例 8-4　使用 from 语句导入用户自己建立的模块

```
>>> from mymodule import *
module output test1
module output test2

>>> x
1
>>> testm()
This is a test,in function testm()
>>> x = 100

# 使用 from 语句重新导入模块，查看变量 x 的值
>>> from mymodule import *
>>> x
1
```

　　查看模块中的变量 x，其值为 1；将变量 x 的值修改为 100，并再次使用 from 语句导入模块，结果显示 x 的值会被重置为最初模块文件中的值，即 1。这是使用 import 语句导入和使用 from 语句导入的一个重要区别。

8.1.4　模块搜索路径

　　使用 import 语句导入模块，需要查找到模块的位置，即模块的文件路径，这是调用或执行模块的关键。导入模块时，不能在 import 或 from 语句中指定模块文件的路径，只能使用 Python 设置的搜索路径。标准模块 sys 的 path 属性可以用来查看当前搜索路径设置。例 8-5 使用 sys.path 命令查看 Python 搜索路径，使用 os.getcwd()函数获取当前目录。

例 8-5　查看 Python 搜索路径和当前目录

```
>>> import sys
>>> sys.path
['D:\\python310', 'D:\\python310\\08',
'C:\\Users\\Administrator\\AppData\\Local\\Programs\\Python\\Lib\\idlelib', 'E:\\
python3', …]
>>> import os
>>> os.getcwd()
'D:\\python310'
```

在 Python 搜索路径列表中，第一个字符串表示 Python 当前目录。Python 按照先后顺序依次在 path 列表中搜索需要导入的模块。如果要导入的模块不在这些目录中，则导入操作失败。

通常，sys.path（搜索路径）由 4 部分组成。

- 程序的当前目录（可用 os 模块中的 getcwd()函数查看）。
- 操作系统的环境变量 PYTHONPATH 中包含的目录（如果存在）。
- Python 标准库目录。
- 任何.pth 文件包含的目录（如果存在）。

从 sys.path 的组成可以看出，系统环境变量 PYTHONPATH 或.pth 文件可以用来配置搜索路径，这也是常用的方法。在 Windows 操作系统中，配置环境变量 PYTHONPATH 与配置 path 环境变量的方法相同，此处不再赘述。

在搜索路径中找到模块并成功导入后，Python 还可以完成下面的功能。

（1）必要时编译模块

找到模块文件后，Python 会检查文件的时间戳，如果字节码文件比源代码文件旧（即源代码文件进行了修改），Python 就会执行编译操作，生成最新的字节码文件。如果字节码文件是最新的，则会跳过编译环节。如果在搜索路径中只发现了字节码文件而没有源代码文件，则会直接加载字节码文件。如果只有源代码文件，Python 会直接执行编译操作，生成字节码文件。

（2）执行模块

模块字节码文件中所有的可执行语句都会被执行，所有的变量在第 1 次赋值时会被创建，函数对象会在执行 def 语句时创建，如果有输出也会直接显示。这就是例 8-3 的执行原理。

8.1.5　__name__属性

Python 的每个文件都可以作为一个模块，文件的名字就是模块的名字。例如，某个 Python 文件的名字为 mymodule.py，则模块名为 mymodule。

Python 文件有两种使用的方法，第一种是作为独立代码（模块）直接被执行，第二种是执行导入操作后被执行。如果想要控制 Python 文件中的某些模块在导入后不被执行，只有模块独立运行时才被执行，可以使用__name__属性来实现。

__name__是 Python 的内置属性，表示当前模块的名字，也能反映一个包的结构。如果.py

文件作为模块被调用，则__name__的属性值即为模块的主名；如果模块独立运行，则__name__的属性值为"__main__"。

语句 if __name__ == "__main__" 的作用是控制这两种不同情况执行代码的过程。当__name__ 值为 "__main__"时，文件作为脚本直接执行；而使用 import 语句或 from 语句导入其他程序中时，模块中的代码是不会被执行的。

__name__属性的测试见例 8-6。

例 8-6　__name__属性的测试

```
1    # fibonacci.py
2    def fibo1(x):      # 返回小于或等于 x 的斐波那契数列的所有项
3        a,b = 0,1
4        while b <= x:
5                print(b,end = " ")
6                a,b = b,a+b
7    def fibo2(x):      # 返回小于 x 的斐波那契数列的最大项
8        a,b = 0,1
9        while b<x:
10               a,b = b,a+b
11       print(a)
12   if __name__ == "__main__":
13       print("please use me as a module.")
```

文件 fibonacci.py 独立运行时，其__name__值为"__main__"。程序的运行结果为 "please use me as a module"。当使用 from 语句或 import 语句导入模块后，可以调用模块中的 fibo1() 或 fibo2()函数。

程序输出结果如下。

```
>>>                              # 作为模块独立运行
please use me as a module.
>>> from fibonacci import *       # 导入模块
>>> fibo1(15)
1 1 2 3 5 8 13
>>> fibo2(10)
8
>>>
```

8.1.6　包的概念

Python 的程序由包（Package）、模块（Module）和函数等组成。包是模块文件所在的目录，模块是实现某一特定功能的函数和类的文件，包的组成如图 8-1 所示。为了方便描述，本章不严格区分库和模块的概念。

包的外层目录必须包含在 Python 的搜索路径中。在包的下级子目录中，每个目录一般包含一个__init__.py 文件，但包的外层目录不需要__init__.py 文件。__init__.py 文件可以为空，也可以在其

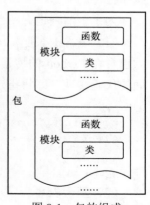

图 8-1　包的组成

中定义__all__列表指定包可以导入的模块。典型的包结构如图 8-2 所示。

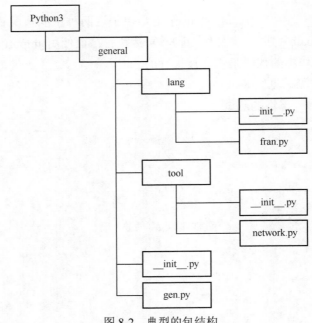

图 8-2   典型的包结构

在图 8-2 中，Python3 是一个文件夹，如果其中的程序文件想要引用 tool 文件夹中的 network.py 模块，可以使用下面的语句。

```
from general.tool import network
import general.tool.network
```

之后，就可以调用 network.py 模块中的类或函数了。

8.1.7   任务的实现

本小节任务是掌握模块和包的概念及应用。模块是包含变量、语句、函数或类的定义的程序文件，扩展名为.py。包是模块文件所在的目录，包的外层目录必须包含在 Python 的搜索路径中。

为了更清晰地介绍包和模块的应用，下面结合包结构和程序代码来说明。

（1）表 8-1 表明，pythonpkg 是 PYTHONPATH 中的目录，旨在说明"包的外层目录必须包含在 Python 的搜索路径中"。如果 pythonpkg 不是 PYTHONPATH 中的目录，可通过下面的代码实现，即将指定目录添加到 PYTHONPATH 中。

```
>>> import sys
>>> sys.path.append("F:/pythonpkg")        # 向 sys.path 中添加目录
>>> sys.path                               # 查看 sys.path 的目录
['', …,
 F:/pythonpkg']
```

（2）基于表 8-1，以下代码展示了导入和执行模块的过程。

```
>>> import pkg2.abs as f
>>> f.abs(-6.2)                                # 执行模块
6.2
>>> f.__name__
'pkg2.abs'
>>> f.__file__
'F:/pythonpkg\\pkg2\\abs.py'
>>> f.__all__
Traceback (most recent call last):
  File "<pyshell#9>", line 1, in <module>
    f.__all__
AttributeError: module 'pkg2.abs' has no attribute '__all__'
>>> dir(f)
['__builtins__', '__cached__', '__doc__', '__file__', '__loader__', '__name__',
'__package__', '__spec__', 'abs']
>>> import pkg2
>>> pkg2.g
9.8
```

从上面的运行结果可以看出以下信息。

- __name__ 属性返回模块名，导入包时，文件名即为模块名（无扩展名）。
- __file__ 属性返回模块源文件的位置，方便用户查看源代码。
- __all__ 属性指定包中可以使用的模块。以上代码没有在文件 __init__.py 中指定 __all__ 属性，所以显示异常信息。未指定 __all__ 属性时，在使用 import *语句导入时，导入所有不以下画线开头的模块。
- dir(模块名)列出了模块的内容，即模块对象的所有属性。
- pkg2.g 属性返回 __init__.py 中定义的常量 g。

课堂练习

（1）建立模块文件 m1.py，内容如下。

```
# 模块文件：m1.py
x = 1
def testm():
    print("This is a test,in function testm()")
print(type(x))
print("module output test1")
print("module output test2")
if __name__ == "__main__":
    testm()
```

在 IDLE 交互模式下执行 import m1 语句，运行结果是什么？

（2）创建一个名为 yourmodel.py 文件，其中包括求阶乘的函数 factorial(i)和求斐波那契数列的函数 fibonacci(i)；创建一个 refmodel.py 文件，在其中导入 yourmodel 模块，并调用其中的函数实现阶乘与斐波那契数列的计算。

第三方库的安装和应用

【任务描述】

Python 标准库提供了大量的函数，可用来实现一些基础的编程和应用。随着 Python 的发展，涉及更多领域、功能更强大的应用以函数库形式被开发出来并通过开源形式发布，这些函数库被称为**第三方库**。

本节学习 Python 第三方库的安装和使用，任务是安装用于科学计算和数据分析的 NumPy 库，并实现矩阵运算和矩阵翻转。

8.2.1　第三方库简介

Python 的第三方库包括模块（Module）、类（Class）和程序包（Package）等元素，一般将这些可重用的元素统称为"库"。Python 的官网列出了超过 14 万个第三方库的基本信息，并提供了第三方库索引（PyPI）功能，这些函数库覆盖了信息技术领域大多数方向。

当前流行的编程思想是"模块编程"。用户开发的程序包括标准库、第三方库、用户程序、程序运行数据等资源，将各类资源通过少量代码，使用类似搭积木的方法组建程序，这就是模块编程。模块编程思想强调充分利用第三方库，编写程序的起点不再是探究每个程序算法或功能的设计，而是尽可能运用库函数编程。这种程序设计思想在 Python 中得到充分体现。

8.2.2　pip 工具的使用

对于 math 库、random 库、datetime 库等 Python 的标准库，用户导入后可以随时使用。第三方库需要安装后才能使用。用户下载 Python 的第三方库后，可以参考软件文档来安装或使用 pip 工具来安装。pip 工具是常用且高效的在线第三方库安装工具，由 Python 官方提供并维护。pip（pip3）是 Python 的内置命令，用于在 Python 3 版本下安装和管理第三方库，需要在命令行执行。下面介绍常用的 pip 命令。

（1）pip3 -help

pip3 -help 命令用于列出 pip 系列子命令，这些子命令用于实现下载、安装、卸载第三方库等功能，如图 8-3 所示。

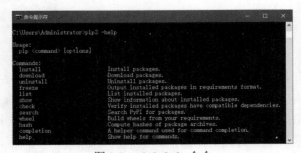

图 8-3　pip3 -help 命令

（2）pip3 install

pip3 install 命令用于安装第三方库，从网络下载第三方库文件并自动安装到系统中。图 8-4 所示的是第三方库 Pillow 5.0.0 的安装过程，Pillow 是 Python 的图像处理库。

图 8-4 pip3 install 命令

（3）pip3 list

pip3 list 命令用于列出当前系统中已安装的第三方库，如图 8-5 所示。

图 8-5 pip3 list 命令

（4）pip3 uninstall

pip3 uninstall 命令用于卸载已安装的第三方库，卸载过程中需要用户确认。图 8-6 所示是卸载第三方库 Pillow 的过程。

图 8-6 pip3 uninstall 命令

（5）pip3 show

pip3 show 命令用于列出已安装库的详细信息，这些信息包括库的名字、版本号、功能说明等，如图 8-7 所示。

图 8-7 pip3 show 命令

（6）pip3 download

pip3 download 命令用于下载第三方库的安装包文件，但并不安装，用于以后安装，如图 8-8 所示。

图 8-8　pip3 download 命令

（7）使用 pip 工具安装第三方库文件

在 Windows 操作系统中，由于不同版本的 pip 可能缺失依赖文件，第三方库安装时可能有错误发生，因此，可能需要读者在 Python 社区中下载安装包，再使用 pip 工具进行安装，这种方法对所有第三方库的安装都适用。

美国加利福尼亚大学尔湾分校提供了一个第三方库的界面，其中列出了一批使用 pip 工具安装可能出现问题的第三方库，用户可以从中获得能够在 Windows 操作系统直接安装的文件。

下面以安装 wordcloud（词云）库为例，介绍使用 pip 工具安装第三方库的过程。

根据 Windows 操作系统和 Python 版本号，选择下载的文件。这里下载的文件是 wordcloud-1.5.0-cp36-cp36m-win32.whl。安装命令如下。

```
pip3 install wordcloud-1.5.0-cp36-cp36m-win32.whl
```

对于一些第三方库，用户还可以从第三方库网站下载后直接自定义安装，具体步骤需要查阅相关的文档。

8.2.3　Python 常用的第三方库

Python 安装包自带工具 pip（pip3）是安装第三方库最基本的方法，本小节将介绍一些 Python 常用的第三方库，表 8-2 列出了这些库的用途和 pip 安装命令。

表 8-2　Python 常用的第三方库

库名	用途	pip 安装命令
NumPy	矩阵运算、矢量处理、线性代数、傅里叶变换等	pip3 install numpy
Matplotlib	2D&3D 绘图库、数学运算、绘制图表	pip3 install matplotlib
PIL	通用的图像处理库	pip3 install pillow
requests	网页内容抓取	pip3 install requests
jieba	中文分词	pip3 install jieba
BeautifulSoup 或 bs4	HTML 和 XML 解析	pip3 install beautifulsoup4
Wheel	Python 文件打包	pip3 install wheel
sklearn	机器学习和数据挖掘	pip3 install sklearn
PyInstaller	Python 源文件打包	pip3 install pyinstaller
Django	Python 十分流行的、支持快速开发的开源 Web 框架	pip3 install django

续表

库名	用途	pip 安装命令
Scrapy	网页爬虫框架	pip3 install scrapy
Flask	轻量级 Web 开发框架	pip3 install flask
WeRoBot	微信机器人开发框架	pip3 install werobot
SciPy	依赖于 NumPy 库的科学计算库	pip3 install scipy
pandas	高效数据分析	pip3 install pandas
PyQt5	专业级 GUI 开发框架	pip3 install pyqt5
PyOpenGL	多平台 OpenGL 开发接口	pip3 install pyopengl
PyPDF2	PDF 文件内容提取及处理	pip3 install pypdf2
Pygame	多媒体开发和游戏软件开发	pip3 install pygame

使用 pip 安装第三方库需要注意以下几个问题。

- 在 Python 3.x 下，使用 pip3 命令或 pip 命令安装。
- 库名是第三方库常用的名字，pip 安装库使用的文件名和库名不一定完全相同，通常是小写字符。
- 安装过程应在命令行窗口中进行，而不是在 IDLE 中。一部分库是依赖其他函数库的，pip 会自动安装；还有一部分库下载后需要一个安装过程，pip 也会自动执行。

8.2.4　使用 PyInstaller 库打包文件

PyInstaller 是用于源文件打包的第三方库，它能够在 Windows、Linux、macOS 等操作系统下将 Python 源文件打包。打包后的 Python 文件既可以在没有安装 Python 的环境中运行，也可以作为一个独立文件进行传递和管理。

1. PyInstaller 库的安装

用户需要在命令行窗口下用 pip 工具安装 PyInstaller 库，具体命令如下。

```
C:\Users\Administrator> pip3 install pyinstaller
```

命令执行后，会自动将 PyInstaller 库安装到 Python 解释器所在的目录，默认安装目录如下。该目录的位置与 pip.exe 文件的位置相同，因此可以直接使用。

```
C:\Users\Administrator\AppData\Local\Programs\Python\Python310\Scripts
```

2. 使用 pyinstaller 命令打包文件

使用 pyinstaller 命令打包文件十分简单。假设 Python 源文件 computing.py 存在于 D:\python310\ 文件夹中，打包命令如下。

```
D:\python> pyinstaller D:\python310\computing.py
```

该命令执行完毕后，将在 D:\python 下生成 dist 和 build 两个文件夹。其中，build 文件夹用于存放 PyInstaller 的临时文件，可以安全删除；最终的打包程序存放在 dist 内的 computing 文件夹下。可执行文件 computing.exe 是生成的打包文件，其他文件是动态链接库。

如果在 pyinstaller 命令中使用参数-F，可将 Python 源文件编译成一个独立的可执行文件，代码如下。

```
D:\python> pyinstaller D:\python310\computing.py -F
```

以上命令将在 D:\python 下的 dist 文件夹中生成 computing.exe 文件。

使用 pyinstaller 命令打包文件需要注意以下几个问题。

- 文件路径中不能出现空格和英文句号（.），如果存在，需要修改 Python 源文件的名字。
- 源文件的编码必须是 UTF-8。采用 IDLE 编写的 Python 程序文件均保存为 UTF-8 格式，可以直接使用。
- 上面命令行中的路径提示符是 D:\python，生成打包文件的位置与 ">" 前的路径是一致的。
- 在 Windows 操作系统中，如果不能顺利打包文件，可以尝试关闭文件系统实时防护功能。

3. pyinstaller 命令的参数

合理使用 pyinstaller 命令的参数可以实现更强大的打包功能，pyinstaller 命令的常用参数见表 8-3。

表 8-3　pyinstaller 命令的常用参数

参　数	功　能
-h、--help	查看帮助信息
-v、--version	查看 PyInstaller 库的版本号
--clean	清理打包过程中的临时文件
-D、--onedir	默认值，生成 dist 目录
-F、--onefile	在 dist 文件夹中只生成独立的打包文件
-p DIR、--paths DIR	添加 Python 文件使用的第三方库路径，DIR 是第三方库路径
-i <.ico or .exe、ID or .icns> --icon <.ico or.exe、ID or .icns>	指定打包程序使用的图标（Icon）文件

使用 pyinstaller 命令打包文件时，不需要在 Python 源文件中添加任何代码，只使用打包命令即可。-F 参数经常使用，用于生成独立的打包文件。如果 Python 源文件引用了第三方库，可以使用 -p 命令添加第三方库所在路径；当第三方库由 pip 工具安装，并且在 Python 的安装目录中时，也可以省略 -p 参数。

8.2.5　任务的实现

本小节任务是安装用于科学计算和数据分析的第三方库 NumPy，并实现矩阵运算和矩阵翻转，要点如下。

（1）使用 pip 命令在命令行窗口安装 NumPy 库并查看安装信息。

（2）导入 NumPy 库。

（3）创建矩阵并实现矩阵翻转，具体见例 8-7。

例 8-7　创建矩阵并实现矩阵翻转

```
>>> import numpy as np
```

```
>>> arr1 = np.array([10,20,30,40])   # 创建矩阵
>>> arr2 = np.arange(1,5)
>>> print(arr1,arr2)
[10 20 30 40] [1 2 3 4]
>>> result1 = arr1+arr2
>>> result2 = arr1-arr2
>>> result3 = arr1*+arr2
>>> result4 = arr1/arr2
>>> print(result1,result2,result3,result4)

>>> lst = [[1,2,3],[5,6,7]]
>>> arr3 = np.array(lst)         # 创建二维矩阵
>>> arr4 = arr3.transpose()
>>> print(arr4)
```

课堂练习

（1）在命令行窗口，使用 pip 命令安装用于图像处理的 PIL 库（安装库的名字为 pillow），并查看 PIL 库的详细信息。

（2）在 IDLE 窗口中导入 PIL 库，使用 dir()函数查看 PIL 库的属性或方法；再导入 PIL 库的 Image 子库，查看 Image 子库的属性和方法。

任务 8.3　应用 jieba 库分词

【任务描述】

jieba 是用于中文词语拆分的第三方库，它具有分词、添加用户词典、提取关键词和词性标注等功能。

本节任务是使用 jieba 库中的函数和 Python 内置函数，计算中文字符串的字符数（包含中文标点符号）及中文词语数。

8.3.1　jieba 库简介

英文字符串可以使用 split()方法实现文本中单词的拆分，借助列表和字典等组合数据类型，进一步完成词频统计等功能。下面的代码可以将英文句子中的单词拆分到列表中。

```
>>> str1 = "We must put the people first"
>>> str1.split()
['We', 'must', 'put', 'the', 'people', 'first']
```

如果是一段中文文本（可以包括英文单词），例如，"Python 是一种优美简洁的计算机语言"，要想获得其中的中文词语是十分困难的，因为英文可以通过空格或者标点符号分隔，而中文之间缺少分隔符，这是中文及其类似语言存在的无法"分词"问题。使用 jieba 库中的

lcut()方法则可以实现中文词语的拆分，具体见例 8-8。

例 8-8　jieba 库中的 lcut()方法的应用

```
>>> import jieba
>>> str2 = "推动共建'一带一路'高质量发展"
>>> jieba.lcut(str2)
Building prefix dict from the default dictionary ...
Dumping model to file cache C:\Users\ADMINI~1\AppData\Local\Temp\jieba.cache
Loading model cost 1.785 seconds.
Prefix dict has been built succesfully.
['推动', '共建', ''', '一带', '一路', ''', '高质量', '发展']
```

jieba 库是第三方库，不是 Python 安装包自带的，因此需要通过 pip 命令安装。pip 安装命令如下。

```
C:\Users\Administrator>pip3 install jieba
```

其中，"C:\Users\Administrator>"是命令提示符，不同计算机的命令提示符可能略有不同。

jieba 库的分词原理是利用一个中文词库，将待分词的文本与分词词库进行对比，通过图结构和动态规划方法找到最大概率的词语。

jieba 库支持的 3 种分词模式如下。

- 精确模式：试图将句子精确地切开，适合文本分析。
- 全模式：把句子中所有可以成词的词语扫描出来，速度快，但是不能解决歧义问题。
- 搜索引擎模式：在精确模式的基础上，对长词再次切分，提高召回率，适合搜索引擎分词。

8.3.2　jieba 库的分词函数

jieba 库主要提供分词功能，用户还可以自定义分词词典。jieba 库常用的分词函数有 6 个，见表 8-4。

表 8-4　jieba 库常用的分词函数

函数	功能描述
jieba.cut(s)	精确模式，返回一个可迭代的数据类型
jieba.cut(s,cut_all = True)	全模式，输出文本 s 中所有可能的单词
jieba.cut_for_search (s)	搜索引擎模式，适合搜索引擎建立索引的分词结果
jieba.lcut(s)	精确模式，返回一个列表类型
jieba.lcut(s,cut_all = True)	全模式，返回一个列表类型
jieba. lcut_for_search (s)	搜索引擎模式，返回一个列表类型

例 8-9 是 jieba 库的分词应用。

例 8-9　jieba 库的分词应用

```
>>> import jieba
>>> str3 = "推动绿色发展，促进人与自然和谐共生"
>>> seg_list = jieba.cut(str3)
>>> seg_list
```

```
<generator object Tokenizer.cut at 0x05AD6AB0>
>>> for s in seg_list:print(s,end = ',')
推动,绿色,发展,,,促进,人与自然,和谐,共生,
>>> jieba.lcut(str3)
['推动', '绿色', '发展', ',', '促进', '人与自然', '和谐', '共生']
>>> jieba.lcut(str3,cut_all = True)
['推动', '绿色', '发展', ',', '促进', '人与自然', '自然', '和谐', '共生']
>>> jieba.lcut_for_search(str)
['推动', '绿色', '发展', ',', '促进', '自然', '人与自然', '和谐', '共生']
```

jieba.lcut(s)函数返回精确模式，输出的分词能够完整且不多余地组成原始文本。

jieba.lcut(s,cut_all = True)函数返回全模式，输出原始文本中可能产生的所有分词，冗余性大。

jieba.lcut_for_search(s)函数返回搜索引擎模式，该模式首先执行精确模式，然后对其中的长词进一步加以切分。由于列表类型通用且灵活，建议读者使用上述 3 种能够返回列表类型的分词函数。

8.3.3　中文的词频统计

统计中文词频，首先要使用 jieba 库完成分词功能，然后采用与统计英文词频一样的方法即可。中文词频统计程序编写的思路如下。

（1）将中文文本保存在一个字符串变量 article 中，使用 jieba.lcut()函数实现分词功能，解析后的分词保存在列表 words 中。

如果统计一个文件中的中文词频，可以使用 open()函数将文件读取到变量 article 中。

（2）先定义一个空的字典 word_freq，再逐个读取列表中的中文词语，重复下面的操作。

- 如果字典 word_freq 的 key 中没有这个词语，则向字典中添加元素，key 是这个词语，value 是 1；如果字典的 key 中有这个词语，字典的 value 值加 1。
- 当列表中的词语全部读取结束后，每个词语出现的次数被放在字典 word_freq 中，word_freq 的 key 是词语，word_freq 的 value 是词语出现的次数。

（3）为了得到比较好的输出结果，将字典转换为列表后，排序并输出。

中文的词频统计见例 8-10。

例 8-10　中文的词频统计

```
1    '''使用 jieba 库分解中文文本，并使用字典实现词频统计'''
2    import jieba
3    article = '''
4    气候作为自然环境的重要条件之一，其舒适度是评价和分析区域人居环境的关键气候指标[1]。
5    气候舒适度在一定程度上可以调节人的生理活动并产生部分影响，是生物气象指标[2]。作为
6    人居环境气候评估的内容之一，气候舒适度评价可以占据重要地位[1]。
7    国外气候舒适度研究起步比较早，加拿大学者霍顿于 1923 年建立了舒适指数测评的标准模型，
8    即经典有效温度指数（ET）公式。1966 年特吉旺提出了舒适指数(Comfort Index)和风效
9    指数(Wind Effect Index)概念[6]。奥利弗建立了温度-湿度指数和风寒指数，评价气候
10   对人体舒适感觉的影响[7]。
11   我国气候舒适度研究起步略晚，大部分学者采用舒适度模型进行研究工作，采用温湿指数、
```

```
12      风效指数等方法开展研究比较频繁[8]。
13      '''
14      words = jieba.lcut(article)
15      # 统计词频
16      word_freq = {}
17      for word in words:
18          if len(word) == 1:
19              continue
20          else:
21              word_freq[word] = word_freq.get(word,0)+1
22      # 排序
23      freq_word = []
24      for word, freq in word_freq.items():
25          freq_word.append((word, freq))
26      freq_word.sort(key = lambda x:x[1], reverse = True)
27      max_number = eval(input("显示前多少位高频词？ "))
28      # 显示
29      for word, freq in freq_word[:max_number]:
30          print(word, freq)
```

程序运行结果如下。

```
>>>
显示前多少位高频词？ 12
气候 8
指数 7
舒适度 6
研究 4
环境 3
评价 3
可以 3
作为 2
重要 2
之一 2
人居 2
指标 2
```

例 8-10 中的第 18～19 行排除了单字的分词结果，这是为了更好地表现分词的意义。

观察运行结果，如果需要统计高频词中的有实际意义的词语出现次数，可以采用排除不必要词语的策略，将需要排除的词语放入列表中。如果需要增加排除的词语，只修改列表变量即可。

排除部分词语后的词频统计见例 8-11。

例 8-11　排除部分词语后的词频统计

```
1       '''
2       使用 jieba 库分解中文文本，并使用字典实现词频统计，统计结果中排除部分词语，被排除词语保存在列
3       表变量 stopwords 中
4       '''
5       import jieba
6       stopwords = ["之一","作为","重要","可以"]
```

```
7    article = '''
8    气候作为自然环境的重要条件之一，其舒适度是评价和分析区域人居环境的关键气候指标[1]。
9    气候舒适度在一定程度上可以调节人的生理活动并产生部分影响，是生物气象指标[2]。作为
10   人居环境气候评估的内容之一，气候舒适度评价可以占据重要地位[1]。
11   国外气候舒适度研究起步比较早，加拿大学者霍顿于 1923 年建立了舒适指数测评的标准模型，
12   即经典有效温度指数（ET）公式。1966 年特吉旺提出了舒适指数 (Comfort Index) 和风效
13   指数 (Wind Effect Index) 概念[6]。奥利弗建立了温度-湿度指数和风寒指数，评价气候
14   对人体舒适感觉的影响[7]。
15   我国气候舒适度研究起步略晚，大部分学者采用舒适度模型进行研究工作，采用温湿指数、
16   风效指数等方法开展研究比较频繁[8]。
17   '''
18   words = jieba.cut(article, cut_all = False)
19   word_freq = {}
20   for word in words:
21       if (word in stopwords) or len(word) == 1:
22           continue
23       if word in word_freq:
24           word_freq[word] += 1
25       else:
26           word_freq[word] = 1
27   freq_word = []
28   for word, freq in word_freq.items():
29       freq_word.append((word, freq))
30   freq_word.sort(key = lambda x:x[1], reverse = True)
31   max_number = eval(input("需要前多少位高频词？ "))
32   for word, freq in freq_word[:max_number]:
33       print(word, freq)
```

程序运行结果如下。

```
>>>
需要前多少位高频词？ 12
气候 8
指数 7
舒适度 6
研究 4
环境 3
评价 3
人居 2
指标 2
影响 2
起步 2
比较 2
学者 2
>>>
```

通过运行结果可以看出，列表 stopwords 中的词语被排除了，但可能会增加一些不希望出现的词语，例如，比较、起步，这时就需要继续调整列表 stopwords 的排除词语，直到结果符合用户的要求为止。

8.3.4 任务的实现

本小节任务是统计并输出中文字符串中的字符数及中文词语数，要点如下。

（1）使用内置函数 len()统计字符串的字符数。

（2）考虑到中文字符串中的标点（中文标点或英文标点）不应统计到词语数内，使用 str.replace()方法删除标点。

（3）使用 jieba.lcut()函数对中文分词，解析后的分词保存在列表 words 中。再使用 len() 函数计算列表长度。

（4）使用 str.format()方法输出。

统计中文字符数和词语数见例 8-12。

例 8-12　统计中文字符数和词语数

```
1    import jieba
2    sentence = '''
3    大自然是人类赖以生存发展的基本条件。尊重自然、顺应自然、保护自然，是全面建设社会主义现代化
4    国家的内在要求。必须牢固树立和践行绿水青山就是金山银山的理念，站在人与自然和谐共生的高度
5    谋划发展。
6    我们要推进美丽中国建设，坚持山水林田湖草沙一体化保护和系统治理，统筹产业结构调整、污染治理、
7    生态保护、应对气候变化，协同推进降碳、减污、扩绿、增长，推进生态优先、节约集约、绿色低碳发
8    展。'''
9    n = len(sentence)
10   for symbol in "，、'：。\ \"\n":
11       sentence = sentence.replace(symbol,"")
12   words = jieba.lcut(sentence)
13   print(words)
14   m = len(words)
15   print("中文字符数为{}，中文词语数为{}.".format(n,m)))
```

课堂练习

下面程序的功能是对一段文字分词并按词频排序。完善程序，在【代码1】和【代码2】处补充合适的内容。

```
import jieba
article = '''我们要坚持教育优先发展、科技自立自强、人才引领驱动，加快建设教育强国、科技强国、人才强国，
坚持为党育人、为国育才，全面提高人才自主培养质量，着力造就拔尖创新人才，聚天下英才而用之。'''
【代码1】
word_freq = {}
for word in words:
    if len(word) == 1:
        continue
    else:
        【代码2】
items = list(word_freq.items())
```

```
items.sort(key = lambda x:x[1], reverse = True)
print(items)
```

实　　训

实训 1　使用 Matplotlib 库绘制折线图和条形图

【训练要点】

（1）学习安装 Matplotlib 库的子库 Pyplot。

（2）学习使用 Pyplot 库中的函数实现简单图形的绘制。

【需求说明】

（1）绘图数据使用列表或元组定义。

（2）输出或保存绘制的图形。

【实现要点】

（1）使用 import matplotlib.pyplot as plt 语句导入第三方库。

（2）plt 库中的 plot()函数用于绘制由多个点连接构成的折线图，格式是 plt.plot(x,y)；plt 库中的 bar()函数用于绘制条形图，格式是 plt.bar(x,y)。

其中的参数 x,y 分别表示 x 轴和 y 轴的数值。

（3）使用 plt.savefig()方法保持图形，使用 plt.show()方法显示图形。

【实训提示】

（1）Matplotlib 是 Python 用于 2D 绘图的第三方库，可以绘制图表中的不同绘图元素。在命令行窗口使用 pip3 install matplotlib 命令安装 Matplotlib。

（2）为了方便快速绘图，Matplotlib 通过 Pyplot 模块提供了一套绘图 API，用户只需要调用 Pyplot 模块所提供的函数就可以实现快速绘图，并设置图表的各个细节。

（3）安装 Matplotlib 前要安装 NumPy 库。

（4）为了使程序简单，绘制的折线图和条形图在两个不同的窗口中，也可以使用 subplot()函数绘制包含多个子图的图表。

【代码实现】

```
1    import matplotlib.pyplot as plt
2    # 绘制折线图
3    x1 = (1,2,3,4,5,7,8)
4    y1 = [4,8,12,15,7,9,1]
5    plt.plot(x1,y1)
6    plt.savefig("tu1.png")
7    plt.show()
8
9    # 绘制条形图
10   x2 = [1,2,3,4,5,7,8]
11   y2 = [4,8,12,15,7,9,1]
```

```
12    plt.bar(x2,y2)
13    plt.savefig("tu2.png")
14    plt.show()
```

实训 2　统计中文文本文件中的高频词

【训练要点】

（1）文本文件的读取。

（2）jieba 库中的分词函数的应用。

（3）应用字典、列表等数据类型完成词频统计。

【需求说明】

（1）用于分析的文本文件 paper.txt。

（2）输出出现频次大于等于 5 的中文词语及次数。

【实现要点】

（1）使用 open()函数将文件 paper.txt 读取到字符串变量 article 中，使用 jieba.lcut()函数实现中文词语分词功能，解析后的分词保存在列表 words 中。

（2）定义一个空的字典 word_freq，再逐个读取列表中的中文词语，完成词频统计功能。

（3）将字典 word_freq 转换为列表。遍历列表，统计出现 5 次及以上的中文词语。参考代码如下。

【代码实现】

```
1     # encoding = utf-8
2     import jieba
3     # 读取文本文件并分词
4     article = open("paper.txt",encoding = 'utf-8').read()
5     words = jieba.lcut(article)
6     # 词频统计
7     word_freq = {}
8     for word in words:
9         if len(word) == 1:
10            continue
11        else:
12            word_freq[word] = word_freq.get(word,0)+1
13    # 排序
14    freq_word = []
15    for word, freq in word_freq.items():
16        freq_word.append((word, freq))
17    # print(freq_word)
18    for item in freq_word:
19        if item[1]>4:
20            print(item[0],":",item[1])
```

小　　结

模块是一个包含变量、语句、函数或类的定义的程序文件。模块需要使用 import 语句或 from 语句导入后使用，执行导入操作时，导入的模块将会被自动执行。

使用 import 语句导入模块，需要能查找到模块的文件路径。标准模块 sys 的 path 属性可用来查看当前的搜索路径。

Python 的程序由包、模块和函数等组成，包是模块文件所在的目录。包的外层目录必须包含在 Python 的搜索路径中。

本章还介绍了 Python 第三方库的安装和常用的命令。PyInstaller 是用于源文件打包的第三方库，打包后的 Python 文件可以在没有安装 Python 的环境中运行，也可以作为一个独立文件进行传递和管理。jieba 是用于中文词语拆分的第三方库，本章详细介绍了其分词、添加用户词典，并讲解了中文文本词频统计的应用示例。

课后习题

1. 简答题

（1）Python 导入模块时一般采用什么搜索顺序？

（2）Python 的内置属性__name__有什么作用？

（3）模块和包有什么区别？它们之间的关系是什么？

（4）Python 的第三方库如何安装？如何查看当前计算机中已经安装的第三方库？

（5）简述用 Python 的第三方库 PyInstaller 打包文件的过程和注意事项。

（6）使用 jieba 库的什么方法可以实现精确分词并返回一个列表？

2. 选择题

（1）以下导入模块的语句中，**不正确**的是哪一项？（　　）

A．import numpy as np　　　　　　　　B．from numpy import * as np

C．from numpy import *　　　　　　　　D．import matplotlib.pyplot

（2）以下关于包的说明中，**不正确**的是哪一项？（　　）

A．包的外层目录必须包含在 Python 的搜索路径中

B．包的所有下级子目录都需要包含一个__init__.py 文件

C．包由模块、类和函数等组成

D．包的扩展名是.py

（3）以下选项中，哪一个**不是** pip 命令的参数？（　　）

A．list　　　　　　　B．show　　　　　　　C．install　　　　　　D．change

（4）以下关于 pip3 工具的说法中，**错误**的是（　　）。

A．pip3 本身为第三方库，需要安装后使用

B．pip3 可以用来安装第三方库

C．pip3 可以用来卸载一个已经安装的第三方库

D. pip3 可以用来列出当前系统已经安装的第三方库

（5）使用 pyinstaller 命令对 Python 源文件打包的描述中，**不正确**的是（　　）。

A. pyinstaller 需要在命令行窗口中运行

B. 生成的打包文件与源程序文件不一定在同一个文件夹中

C. 使用-F 参数可以生成独立的打包文件

D. 打包文件时，如果使用-i 参数指定图标文件，图标文件的扩展名可以是.ico 或.png

（6）以下函数中，**不是** jieba 库函数的是（　　）。

A. jieba.lcut(s)　　　　　　　　　　　B. jieba.delete_word(word)

C. jieba.add_word(word)　　　　　　　D. jieba.lcut_for_search(s)

（7）关于 jieba 库的函数 jieba.lcut(x)，以下描述中正确的是（　　）。

A. 向分词词典中增加新词 w

B. 精确模式，返回中文文本 x 分词后的列表

C. 全模式，返回中文文本 x 分词后的列表

D. 搜索引擎模式，返回中文文本 x 分词后的列表

（8）在 Python 语言中，能够处理图像的第三方库是哪一项？（　　）

A. PIL　　　　　　B. pyserial　　　　C. requests　　　　D. PyInstaller

（9）在 Python 语言中，用于数据分析的第三方库是哪一项？（　　）

A. Django　　　　　B. Flask　　　　　C. pandas　　　　　D. PIL

3. 阅读程序

分析下面代码的功能。

```
import wordcloud
txt = '''The "What's New in Python" series of essays takes tours through the most
important changes between major Python versions. They are a "must read" for anyone
wishing to stay up-to-date after a New Python.
'''
w = wordcloud.WordCloud().generate(txt)
w.to_file("wd.jpg")
```

4. 编程题

（1）创建一个由正数构成的二维 NumPy 数组，求数组中每个元素的正弦值和数组所有元素的最大值。

（2）下载中国共产党第二十次全国代表大会上的报告全文到文本文件 r20.txt 中，编写程序统计报告中的前 15 个热词及出现次数。

提示：读文件到字符串使用下面代码，详见第 10 章。

```
with open("r20.txt") as file:
    article = file.read()
```

（3）例 8-11 被排除的词语保存在列表变量中。修改例 8-11，增强程序的可扩展性。被排除的词语保存在文本文件 stopwords.txt 中，文件中被排除的每个词语占一行。如果要修改被排除的词语，不需要修改程序，只修改文本文件即可，实现排除部分词语后的词频统计。

第 9 章　Python 的文件操作

文件被广泛应用于用户和计算机的数据交换。Python 程序可以从文件读取数据，也可以向文件写入数据。用户在处理文件过程中，不仅可以操作文件内容，也可以管理文件目录。本章将介绍 Python 的文件操作，重点包括文件的概念、文件的读/写操作及文件的目录管理等内容。

◇ 学习目标

（1）掌握文件的概念、编码方式、文件打开和关闭的方法。
（2）重点掌握常用的文件读/写操作的方法。
（3）了解文件的目录操作。
（4）掌握 CSV 文件的读/写方法。

◇ 知识结构

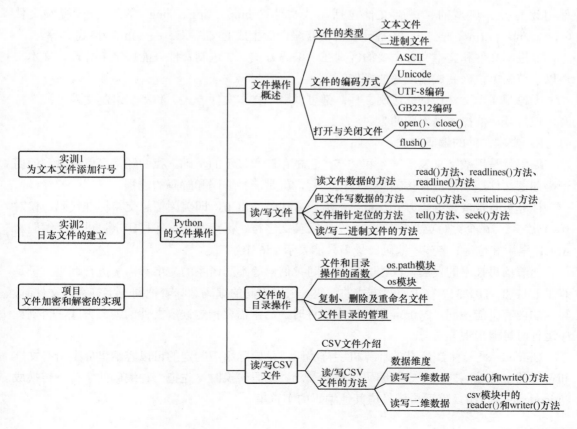

任务 9.1 文件操作概述

【任务描述】

文件是用户与计算机交互的重要媒介，本节任务是掌握文本文件和二进制文件的概念、文件的编码方式，掌握文件打开和关闭的方法。

9.1.1 认识文件的类型和编码方式

文件是数据的集合，可以是文本、图像、音频、视频等多种形式，存储在计算机的外部介质中。存储文件有本地存储、移动存储或网络存储等形式。根据文件的存储格式不同，可以分为文本文件和二进制文件两种形式。

1. 文本文件和二进制文件

文本文件由字符组成，这些字符按 ASCII、UTF-8 或 Unicode 等方式进行编码。Windows 记事本创建的.txt 格式的文件就是典型的文本文件，以.py 为扩展名的 Python 源文件、以.html 为扩展名的网页文件等也都是文本文件。文本文件可以被多种编辑软件创建、修改和阅读，例如，记事本、Notepad++、Microsoft Word 等。

二进制文件存储的是由 0 和 1 组成的二进制编码。二进制文件内部数据的组织格式与文件用途有关。典型的二进制文件包括图片文件（.bmp、.jpg、.png 等格式）、视频文件（.avi、.mp4、.rm 等格式）、各种计算机语言编译后生成的文件（.exe、.obj 等格式）等。

二进制文件和文本文件主要的区别在于编码方式，二进制文件只能按字节处理，文本文件以字节为单位来完成读或写的操作。

无论是文本文件还是二进制文件，都可以用"文本文件方式"和"二进制文件方式"打开，但打开后的操作是不同的。

2. 文本文件的编码方式

编码就是用数字来表示符号和文字，它是存储和显示的基础。我们经常可以接触到的用密码加密文件，之后进行传输和破译的过程，就是一种编码和解码的过程。

计算机有很多种编码方式。最早的编码方式是 ASCII，即美国信息交换标准代码，仅对 10 个数字、26 个大写英文字符、26 个小写英文字符、标点符号、非打印字符进行了编码。ASCII 采用 8 位（1 字节）编码，最多只能表示 256 个字符。

随着信息技术的发展，汉语、日语、阿拉伯语等不同语系的文字都需要进行编码，于是有了 UTF-8、GB2312、GBK 等方式的编码。采用不同的编码意味着把同一字符存入文件时，写入的内容可能不同。Python 程序读取文件时，通常需要指定读取文件的编码方式，否则程序运行时可能出现异常。

Unicode 是一种 2 字节的计算机字符编码，是国际组织制定的可以容纳世界上所有文字和符号的字符编码方式，它是编码转换的基础。编码转换时，先把一种编码的字符串转换成 Unicode 的字符串，然后再转换成其他编码的字符串。

UTF-8 编码是一种国际通用的编码方式，用 8 位（1 字节）表示英语（兼容 ASCII），以 24 位（3 字节）表示中文及其他语言。若文件使用了 UTF-8 编码方式，在任何平台下（如中文操作系统、英文操作系统、日文操作系统等）都可以显示不同国家（或地区）的文字。Python 语言源代码默认的编码方式是 UTF-8。

GB2312 编码是中国制定的中文编码，用 1 字节表示英文字符，2 字节表示汉字字符。GBK 编码是对 GB2312 编码的扩充。

需要注意的是，采用不同的编码方式，写入文件的内容可能是不同的。就汉字编码而言，GBK 编码的 1 个汉字占 2 字节空间，UTF-8 编码的 1 个汉字占 3 字节空间。

3．文件指针的概念

指针是文件操作的重要概念，Python 用文件指针表示当前读/写位置。在文件的读/写过程中，指针的位置是自动移动的，用户可以使用 tell()方法测试文件指针的位置，使用 seek()方法移动指针的位置。以只读方式打开文件时，指针会指向文件开头；向文件中写入数据或追加数据时，指针会指向文件末尾。通过设置指针的位置，可以实现文件的定位读/写。

9.1.2　打开与关闭文件

无论是文本文件还是二进制文件，进行文件的读/写操作时，都需要先打开文件，操作结束后再关闭文件。打开文件是将文件从外部介质读取到内存中，文件被当前程序占用时，其他程序不能操作这个文件。在某些写文件的模式下，打开不存在的文件可以创建文件。

文件操作之后需要关闭文件，释放程序对文件的控制，将文件内容存储到外部介质，其他程序才能够操作这个文件。

1．打开文件

Python 用内置的 open()函数来打开文件，并创建一个文件对象。open()函数的基本格式如下。

```
myfile = open(filename[,mode])
```

其中，myfile 为引用文件的变量；filename 为用字符串描述的文件名，可以包含文件的存储路径；mode 为文件打开模式。打开模式中，r 表示读操作（默认模式），w 表示覆盖式写操作，a 表示追加式写操作，+表示读/写操作。如果是打开二进制文件，需要使用字符 b 表示。

通过打开模式可以指明将要对文件采取的操作。文件打开模式见表 9-1。

表 9-1　文件打开模式

| 打开模式 | | 说明 |
文本文件	二进制文件	
r	rb	以只读模式打开（默认值）。该模式打开的文件必须存在，如果不存在，将报告异常
w	wb	以写模式打开。文件如果存在，清空内容后重新创建文件
a	ab	以追加的方式打开，写入的内容追加到文件末尾。该模式打开的文件如果已经存在，则不会清空，否则新建一个文件
r+	rb+	以读/写模式打开。文件如果不存在，将报告异常

打开模式		说明
文本文件	二进制文件	
w+	wb+	以读/写模式打开。文件如果存在，清空内容后重新创建文件
a+	ab+	以读/写模式打开。该模式打开的文件如果已经存在，则不会清空，否则新建一个文件

以不同模式打开文件见例 9-1。

例 9-1　以不同模式打开文件

```
# 默认以只读模式打开，文件不存在时报告异常
>>> file1 = open("readme.txt")
Traceback (most recent call last):
  File "<pyshell#5>", line 1, in <module>
    file1 = open("readme.txt")
FileNotFoundError: [Errno 2] No such file or directory: 'readme.txt'


# 以只读模式打开
>>> file2 = open("s1.py",'r')
# 以读/写模式打开，指明文件路径
>>> file3 = open("D:\\python310\\test.txt","w+")
# 以读/写模式打开二进制文件
>>> file4 = open("tu3.jpg","ab+")
```

2. 关闭文件

close()方法用于关闭文件。通常情况下，Python 操作文件时，使用内存缓冲区缓存文件数据。关闭文件时，Python 将缓存的数据写入文件，然后关闭文件，并释放对文件的引用。下面的代码将关闭文件，其中，myfile 是打开的文件。

```
myfile.close()
```

使用 flush()方法可将缓冲区的内容写入文件，但不关闭文件。

```
myfile.flush()
```

课堂练习

（1）文本文件有不同的编码方式，在 UTF-8、Unicode、GBK 等编码方式中，一个汉字各占几字节的存储空间？

（2）使用 open()函数，以读/写模式打开 Windows 操作系统 D 盘 pfile 目录下的文本文件file1.txt，代码是什么？

任务 9.2　读/写文件中的数据

【任务描述】

打开文件后，根据文件的访问模式可以对文件进行读/写操作，Python 提供了一组读/写

文件数据的方法。

　　下面给出了中国共产党第二十次全国代表大会上的报告中的部分双语热词，保存在文本文件 hotword.txt 中。编程读取文件的内容，并统计英文字符和中文字符出现的个数。

```
a.现代化: modernization;
b.新征程: New Journey;c.第二个百年奋斗目标: the Second Centenary Goal; d.人民就是江山: the
People are the Country;
e.人民至上: put the people First.
```

9.2.1　读文件数据的方法

　　读/写文件时，如果文件是以文本文件方式打开的（默认设置），程序会按照当前操作系统的编码方式来读/写文件，用户也可以指定编码方式来读/写文件。如果文件是以二进制文件方式打开的，程序则会按字节流方式读/写文件。表 9-2 给出了文件读操作的常用方法。

表 9-2　文件读操作的常用方法

方法	说明
read([size])	读取文件全部内容。如果给出参数 size，则读取 size 长度的字符或字节
readline([size])	读取文件一行内容。如果给出参数 size，则读取当前行 size 长度的字符或字节
readlines([hint])	读取文件的所有行，返回行所组成的列表。如果给出参数 hint，则读入 hint 行

1．read()方法

　　本小节读取的文本文件 hotword.txt 有 3 个段落，保存在当前文件夹下。使用 read()方法读取文本文件的内容见例 9-2。

　　例 9-2　使用 read()方法读取文本文件的内容

```
f = open("hotword.txt","r")
str1 = f.read(20)
print(str1)
str2 = f.read()
print(str2)
f.close()
```

　　例 9-2 的运行结果如下。

```
>>>
a.现代化: modernization;

b.新征程: New Journey;c.第二个百年奋斗目标: the Second Centenary Goal; d.人民就是江山: the
People are the Country;
e.人民至上: put the people First.
```

　　程序以只读方式打开文件，先读取 20 个字符到变量 str1 中，打印 str1 值 "a.现代化: modernization;"；接着，f.read()命令读取从文件当前指针处开始的全部内容。可以看出，随着文件内容的读取，文件指针在变化。下面的代码也可以显示文件的全部内容，从文件开头读取到文件结尾。

```
f = open("hotword.txt","r")
```

```
str2 = f.read()
print(str2)
f.close()
```

2. readlines()方法和 readline()方法

使用 readlines()方法可以一次性读取文件中所有的行，如果文件很大，会占用大量的内存空间，读取的时间也会较长。

使用 readlines()方法读取文本文件的内容见例 9-3。

例 9-3　使用 readlines()方法读取文本文件的内容

```
f = open("hotword.txt","r")
flist = f.readlines()      # flist 是包含文件内容的列表
print(flist)
for line in flist:
    print(line)                  # 使用 print(line, end = "")将不显示文件中的空行
f.close()
```

第 3 行代码的运行结果如下。

```
['a.现代化：modernization；\n', 'b.新征程：New Journey；c.第二个百年奋斗目标：the Second
Centenary Goal；d.人民就是江山：the People are the Country；\n', 'e.人民至上：put the people
First.']
```

第 4 行和第 5 行代码的运行结果如下。

```
a.现代化：modernization；

b.新征程：New Journey；c.第二个百年奋斗目标：the Second Centenary Goal；d.人民就是江山：the
People are the Country；

e.人民至上：put the people First.
```

程序将文本文件 hotword.txt 的全部内容读取到列表 flist 中，这是第一部分的运行结果；为了更清晰地显示文件内容，用 for 循环遍历列表 flist，这是第二部分的运行结果。因为原来文本文件每行都有换行符 "\n"，用 print()语句打印时，也包含了换行，所以，代码的第二部分运行时，行和行之间增加了空行。

使用 readline()方法可以逐行读取文件内容，具体见例 9-4。在读取过程中，文件指针逐行后移。

例 9-4　使用 readline()方法读取文本文件的内容

```
f = open("hotword.txt","r")
str1 = f.readline()

while str1 != "":    # 判断文件是否结束
    print(str1)
    str1 = f.readline()
f.close()
```

3. 遍历文件

Python 将文件看作由行组成的序列，可以通过迭代的方式逐行读取文件内容，具体见例 9-5。

例 9-5 以迭代方式读取文本文件的内容

```
f = open("hotword.txt","r")
for line in f:
    print(line, end = "")
f.close()
```

例 9-5 访问的 hotword.txt 是一个文本文件，默认是 ANSI 编码方式。如果读取一个 Python 源文件，程序运行时将报告异常，原因是 Python 源文件的编码方式是 UTF-8。例如，打开文件 code0901.py，需要使用 encoding 参数指定文件的编码方式，相应地，代码应修改如下。

```
f = open("code0901.py","r",encoding = "UTF-8")
```

9.2.2 向文件写数据的方法

write()方法用于向文件中写入字符串，同时文件指针后移；writelines()方法可以向文件中写入字符串序列，这个序列可以是列表、元组或集合等。使用 writelines()方法写入序列时，不会自动增加换行符。表 9-3 给出了文件写操作的常用方法。

表 9-3 文件写操作的常用方法

方法	说明
write(str)	将字符串 str 写入文件
writelines(seq_of_str)	写多行到文件中，参数 seq_of_str 为可迭代的对象

使用 write()方法向文件中写入字符串见例 9-6。

例 9-6 使用 write()方法向文件中写入字符串

```
fname = input("请输入追加数据的文件名：")
f1 = open(fname,"w+")
f1.write("向文件中写入'modernization'\n")
f1.write("继续写入'innovation '")
f1.close()
```

程序运行后，可以根据提示输入写入文件的文件名，并向该文件中写入两行数据；如果该文件不存在，将自动建立文件，然后再写入内容。

使用 writelines()方法向文件中写入序列见例 9-7。

例 9-7 使用 writelines()方法向文件中写入序列

```
f1 = open("D:\\python310\\mydata.dat","a")
lst = ["original ","mission ","philosophy "]
tup1 = ('2012a','2017a','2022a')
m1 = {"Address":"Beijing","Time":"2022.10"}
f1.writelines(lst)
f1.writelines('\n')
f1.writelines(tup1)
f1.writelines('\n')
f1.writelines(m1)
f1.close()
```

例 9-7 运行后，将在 D:\\python310 文件夹下创建文件 mydata.dat，并向文件中写入列表、元组、字典等序列。该文件可以用记事本打开，内容如下。

```
original mission philosophy
2012a2017a2022a
AddressTime
```

需要注意的是，mydata.dat 文件是以追加方式打开的，多次运行程序将向文件不断追加内容。

9.2.3　文件指针定位的方法

在前面的介绍中，文件的读/写是按顺序进行的。在实际应用中，如果需要读取某个位置的数据，或向某个位置写入数据，我们需要指定文件的读/写位置，包括获取文件的当前位置，以及移动文件指针到指定位置。下面介绍这两种定位方式。

1. 获取文件的当前位置

文件的当前位置就是文件指针的位置。通过 tell()方法可以返回文件的当前位置。

例 9-8 使用的 hotword2.txt 文件内容如下，该文件存放在当前文件夹（D:\\python310）下。使用英文内容的文本文件，方便查看文件指针的位置。

```
Chinese modernization.
New Journey.the Second Centenary Goal.the People are the Country.
put the people First.
```

使用 tell()方法获取文件当前的读/写位置见例 9-8。

例 9-8　使用 tell()方法获取文件当前的读/写位置

```
>>> file = open("D:\\python310\\hotword2.txt","r+")
>>> str1 = file.read(7)        # 读取 7 个字符
>>> str1
'Chinese'
>>> file.tell()                # 文件当前位置
7
>>> file.readline()            # 从当前位置读取本行信息
' modernization.\n'
>>> file.tell()                # 文件当前位置
24
>>> file.readlines()
['New Journey.the Second Centenary Goal.the People are the Country.\n', 'put the people First.']
>>> file.tell()                # 文件长度为 112 个字符
112
>>> file.close()
```

2. 移动文件指针位置

文件在读/写过程中，指针位置会自动移动。调用 seek()方法可以手动移动指针位置，其语法格式如下。

```
file.seek(offset[,whence])
```

其中，offset 是移动的偏移量，单位为字节。offset 值为正数时，向文件末尾方向移动文件指针；值为负数时，向文件开头方向移动文件指针。whence 指定从何处开始移动，值为 0 时，从起始位置移动；值为 1 时，从当前位置移动；值为 2 时，从结束位置移动。

使用 seek()方法移动文件指针的位置见例 9-9。

例 9-9　使用 seek()方法移动文件指针的位置

```
>>> file = open("D:\\python310\\hotword2.txt","r+")
>>> file.seek(8)        # 移动当前指针至第 8 个位置
8
>>> str1 = file.read(14)
>>> str1
'modernization.'
>>> file.tell()         # 当前指针在第 22 个位置
22
>>> file.seek(8)            # 重新移动当前指针至第 8 个位置
6
>>> file.write("Centenary Goal")    # 写入字符，覆盖掉原来数据
14
>>> file.seek(0)          # 当前指针移至第 0 个位置
0
>>> file.readline()
'Chinese Centenary Goal\n'
```

9.2.4　读/写二进制文件的方法

读/写文本文件的 read()方法和 write()方法同样适用于二进制文件，但二进制文件只能读/写字节字符串。默认情况下，二进制文件是顺序读/写的，可以使用 seek()方法和 tell()方法移动和查看文件的当前位置。

1. 读/写字节字符串

传统字符串加前缀 b 构成了字节对象，即字节字符串，可以写入二进制文件。整型、浮点型、序列等数据类型如果要写入二进制文件，需要先转换为字符串，再使用 bytes()方法转换为字节字符串，然后再写入文件，具体见例 9-10。

例 9-10　向二进制文件读/写字节字符串

```
>>> fileb = open(r"D:\python310\ch09\mydata.dat",'wb')    # 以'wb'方式打开二进制文件
>>> fileb.write(b"Hello Python")                    # 写入字节字符串
12
>>> n = 123
>>> fileb.write(bytes(str(n),encoding = 'utf-8')) # 将整数转换为字节字符串写入文件
3
>>> fileb.write(b"\n3.14")
5
>>> fileb.close()
# 以'rb'方式打开二进制文件
>>> file = open(r"D:\python310\ch09\mydata.dat",'rb')
```

```
>>> print(file.read())
b'Hello Python123\n3.14'
>>> file.close()
# 以'r'方式打开二进制文件
>>> filec = open(r"D:\python310\ch09\mydata.dat",'r')
>>> print(filec.read())
Hello Python123
3.14
>>> filec.close()
```

2. 读/写 Python 对象

如果直接用文本文件格式或二进制文件格式存取 Python 中的各种对象，通常需要进行烦琐的转换。用户可以使用 Python 的标准模块 pickle 处理文件中对象的读和写操作。

用文件存储程序中的对象称为对象的序列化。pickle 是 Python 语言的一个标准模块，可以实现 Python 基本的数据序列化和反序列化。pickle 模块的 dump()方法用于序列化操作，能够将程序中运行的对象信息保存到文件中，永久存储；而 pickle 模块的 load()方法可用于反序列化操作，能够从文件中读取保存的对象，具体见例 9-11。

例 9-11　使用 pickle 模块的 dump()方法和 load()方法读/写 Python 对象

```
>>> lst1 = ["invovation", "development", "revitalization", "modernization"]  # 列表对象
>>> dict1 = {"创新":"invovation","发展":"development"}          # 字典对象
>>> fileb = open(r"D:\python310\ch09\mydata.dat",'wb')
# 写入数据
>>> import pickle
>>> pickle.dump(lst1,fileb)
>>> pickle.dump(dict1,fileb)
>>> fileb.close()
# 读取数据
>>> fileb = open(r"D:\python310\ch09\mydata.dat",'rb')
>>> fileb.read()
b'\x80\x04\x95A\x00\x00\x00\x00\x00\x00\x00]\x94(\x8c\ninvovation\x94\x8c\x0bdevelop
ment\x94\x8c\x0erevitalization\x94\x8c\rmodernization\x94e.\x80\x04\x952\x00\x00\x00
\x00\x00\x00\x00}\x94(\x8c\x06\xe5\x88\x9b\xe6\x96\xb0\x94\x8c\ninvovation\x94\x8c\x
06\xe5\x8f\x91\xe5\xb1\x95\x94\x8c\x0bdevelopment\x94u.'
>>> fileb.seek(0)                              # 文件指针移动到开始位置
0
>>> x = pickle.load(fileb)
>>> y = pickle.load(fileb)
>>> x,y
(['invovation', 'development', 'revitalization', 'modernization'], {'创新':
 'invovation', '发展': 'development'})
```

9.2.5　任务的实现

本小节任务是统计 hotword.txt 文件中包含的中英文字符数，需要读取文件内容，要点如下。

（1）使用 open()函数打开文件，默认打开模式为"r"、编码方式为"utf-8"。

（2）读取文件内容到字符串 str1 中。

（3）使用 for 循环遍历字符串 str1，判断是英文字符还是中文字符。

（4）中文字符的 Unicode 范围是[0x4e00, 0x9fa5]。

统计文件中包含的中英文字符数见例 9-12。

例 9-12　统计文件中包含的中英文字符数

```
1    num1 = num2 = 0
2    file = open("hotword.txt")
3    str1 = file.read()
4    file.close()
5    for c in str1:
6        if c.isupper() or c.islower():
7            num1 += 1
8        elif 0x4e00 <= ord(c) <= 0x9fa5:
9            num2 += 1
10   print("英文字符数：{}，中文字符数：{}.".format(num1,num2))
```

课堂练习

（1）读文件的方法 read()和 readline()区别是什么？

（2）下面代码中的变量 c，表示的是一个字符还是一行？

```
fname = "D:/pfile/myfile.txt"
file = open(fname)
for c in file:
    print(c)
file.close()
```

（3）下面程序的功能是将从键盘输入的内容逐行写入文件中，当输入"Exit"时程序退出执行。完善程序，在【代码】处补充合适内容。

```
fout = open("D:/pfile/myfile.txt","w")
line = input("请输入内容，Exit 退出")
while(line != "Exit"):
    【代码】
    fout.write("\n")
    line = input("请输入内容，Exit 退出")
fout.close()
```

任务 9.3　文件的目录操作

【任务描述】

文件读/写操作主要是对文件内容的操作，而查看文件属性、复制和删除文件、创建和删除目录等属于文件和目录的操作范畴。

本节任务是查询当前 Python 程序的工作路径；删除指定路径下的文件；将当前目录中的

文件 test.py 复制到 D:/backup 目录，并更名为 test1.txt。

9.3.1 文件和目录操作的函数

os.path 模块和 os 模块提供了大量的文件和目录操作的函数。

1. os.path 模块常用的文件操作函数

表 9-4 给出了 os.path 模块常用的文件操作函数，其中，参数 path 是文件名或目录名。示例中文件保存位置是 D:\\python310，文件名是 test.txt。

表 9-4   os.path 模块常用的文件操作函数

函数名	说明	示例
abspath(path)	返回 path 的绝对路径	>>> os.path.abspath('test.txt') 'D:\python310\test.txt'
dirname(path)	返回 path 的目录。与 os.path.split(path) 的第一个元素相同	>>> os.path.dirname('D:\\python310\\test.txt') 'D:\\ python310'
exists(path)	如果 path 存在，返回 True；否则返回 False	>>> os.path.exists('D:\\python310') True
getatime(path)	返回 path 所指向的文件或者目录的最后存取时间	>>> os.path.getatime('D:\\python310') 1518846173.556209
getmtime(path)	返回 path 所指向的文件或者目录的最后修改时间	>>> os.path.getmtime('D:\\ python310\\test.txt') 1518845768.0536315
getsize(path)	返回 path 的文件大小（字节）	>>> os.path.getsize('D:\\python310\\test.txt') 120
isabs(path)	如果 path 是绝对路径，返回 True；否则返回 False	>>> os.path.isabs('D:\\ python310') True
isdir(path)	如果 path 是一个存在的目录，则返回 True，否则返回 False	>>> os.path.isdir('D:\\ python310') True
isfile(path)	如果 path 是一个存在的文件，返回 True，否则返回 False	>>> os.path.isfile('D:\\python310') False
split(path)	将 path 分割成目录和文件名二元组返回	>>> os.path.split("D:\\python310\\test.txt") ('D:\\python310', 'test.txt')
splitext(path)	分离文件名与扩展名；默认返回（fname, fextension）元组，可进行分片操作	>>> os.path.splitext('D:\\python310\\test.txt') ("D:\\python310\\test', '.txt')

2. os 模块常用的文件操作函数

表 9-5 给出了 os 模块常用的文件操作函数，其中，参数 path 是文件名或目录名。os 模块常用的文件处理功能将在下一节介绍。

表 9-5   os 模块常用的文件操作函数

函数名	功能说明
os.getcwd()	当前 Python 程序工作的路径
os.listdir(path)	返回指定目录下的所有文件和目录名
os.remove(file)	删除参数 file 指定的文件

函数名	功能说明
os.removedirs(path)	删除指定目录
os.rename(old,new)	将文件 old 重命名为 new
os.mkdir(path)	创建单个目录
os.stat(path)	获取文件属性

9.3.2　复制、删除及重命名文件

1.　文件的复制

无论是二进制文件还是文本文件，文件的读/写都是以字节为单位进行的。在 Python 中复制文件可以使用 read()与 write()方法编程实现，也可以使用 shutil 模块中的函数来实现。shutil 模块是一个文件、目录的管理接口，该模块的 copyfile()函数可以实现文件的复制，具体见例 9-13。

例 9-13　使用 shutil.copyfile()函数复制文件

```
>>> import shutil
>>> shutil.copyfile("test.txt",'testb.py')
'testb.py'
```

执行上面的代码时，如果源文件不存在，则报告异常。

2.　文件的删除

文件的删除可以使用 os 模块的 remove()函数实现，编程时可以使用 os.path.exists()函数来判断删除的文件是否存在，具体见例 9-14。

例 9-14　删除文件

```
import os,os.path
fname = input("请输入需要删除的文件名:")
if os.path.exists(fname):
    os.remove(fname)
else:
    print("{}文件不存在".format(fname))
```

3.　文件的重命名

文件的重命名可以通过 os 模块的 rename()函数实现。例 9-15 首先提示用户输入需要更名的文件，如果这个文件不存在，将退出程序；如果这个文件已经存在，则输入更名后的文件名，然后退出程序。

例 9-15　文件重命名

```
1    import os,os.path,sys
2    fname = input("请输入需要更名的文件:")
3    gname = input("请输入更名后的文件名:")
4    if not os.path.exists(fname):
5        print("{}文件不存在".format(fname))
6        sys.exit(0)
```

```
7    elif os.path.exists(gname):
8        print("{}文件已存在".format(gname))
9        sys.exit(0)
10   else:
11       os.rename(fname,gname)
12   print("rename success")
```

9.3.3　文件目录的管理

目录即文件夹，是操作系统用于组织和管理文件的逻辑对象。Python 程序常用的目录管理包括创建目录、删除目录和查看目录中的文件等，具体见例 9-16。

例 9-16　常用的目录管理操作

```
>>> import os
>>> os.getcwd()              # 查看当前目录
' D:\\python310'
>>> os.listdir()             # 查看当前目录中的文件
['1.txt', 'afile.dat', 'afile2.dat', 'afile3.dat.npy', 'ch10', 'ch12', 'ch1a', 'c
h2a', 'ch4a', 'ch5a', 'ch6a', 'ch7a', 'ch8', 'ch8a', 'ch9', 'ch9a', 'data7.dat',
'getpass1.py', 'linenumber.py', 'others', 'output.txt', 'program.txt', 'program2.
txt', 'randomseq.py', line.py']
>>> os.mkdir('myforder')                     # 创建目录
>>> os.makedirs('yourforder\\f1\\f2')        # 创建多级目录
>>> os.rmdir('myforder')                     # 删除目录（目录必须为空）

>>> os.removedirs('yourforder\\f1\\f2')      # 直接删除多级目录
>>> os.makedirs('aforder\\ff1\\ff2')         # 创建多级目录
>>> import shutil
>>> shutil.rmtree('yourforder')              # 删除存在内容的目录
```

9.3.4　任务的实现

本小节任务是查询当前的工作路径、删除文件和复制文件，具体可以通过下面的方法实现。

（1）使用 os 模块的 getcwd()函数查看当前工作路径。

（2）使用 os 模块的 remove()函数删除指定路径下的文件。

（3）使用 shutil 模块的 copy()函数复制文件。

文件和目录操作函数的应用见例 9-17。

例 9-17　文件和目录操作函数的应用

```
>>> import os
>>> os.getcwd()
>>> os.remove("E:/backup/test.txt")
>>> os.rename("ch0601.py","ch0602.py")
>>> import shutil
>>> shutil.copy("test.py","D:/backup/test1.txt")
```

课堂练习

Python 当前的工作目录是 E:/python，当前目录有 test.txt、text.py、my.py 等文件，下面代码的运行结果是什么？

```
>>> import os
>>> os.getcwd()
>>> os.path.abspath('test.txt')
>>> os.path.dirname('E:\\python\\test.txt')
>>> os.path.exists('E:/python')
>>> os.path.isfile('E:\\python/test.txt')
>>> os.path.isfile('E:/python')
>>> os.path.split('E:/python/test.txt')
>>> os.listdir("D:/python310"))
```

任务 9.4　读/写 CSV 文件

【任务描述】
CSV 格式是一种通用的、相对简单的文本文件格式，通常用于在程序之间传递数据，被广泛应用于商业和科学领域。

score.csv 文件记录了学生的 Name、Department、English、Math、Chinese 等信息，分别表示姓名、专业和 3 门课程的成绩，内容如下。本节任务是读取 CSV 文件，输出按平均成绩降序排列的学生信息。

```
Name, Department, English, Math, Chinese
Rose, 法学, 89, 78, 65
Mike, 历史, 56, 1, 44
John, 数学, 45, 65, 67
Kelen, 数学, 83, 79, 87
```

9.4.1　CSV 文件介绍

1. CSV 文件的概念和特点
CSV（逗号分隔值）文件是一种文本文件，由任意数目的行组成，一行被称为一条记录。记录间以换行符分隔；每条记录由若干数据项组成，这些数据项被称为字段。字段间的分隔符通常是逗号，也可以是制表符或其他符号。通常，所有记录的字段序列是相同的。

CSV 格式存储的文件一般采用.csv 为扩展名，可以通过 Excel 或记事本打开，或使用其他文本编辑工具打开。一些表格处理工具，例如 WPS 或 Excel 可以将数据另存为或导出为 CSV 格式，以便在不同应用程序间交换数据。

CSV 文件的特点如下。

- 读出的数据是字符类型。如果要获得数值类型，需要类型转换。
- 以行为单位读取数据。
- 数据项通常用半角逗号分隔，也可以是其他符号。
- 每行开头不留空格，第一行是属性，数据项之间无空格，行之间无空行。

2. CSV 文件的建立

CSV 文件是纯文本文件，可以使用记事本按照 CSV 文件的规则来建立，也可以使用 Excel 录入数据，保存为 CSV 格式即可。

3. Python 的 csv 库

Python 提供了一个读/写 CSV 文件的标准库，可以通过 import csv 语句导入。csv 库包含操作 CSV 文件最基本的功能，典型的方法是 csv.reader() 和 csv.writer()，分别用于读和写 CSV 文件。

CSV 文件相对简单，读者可以自行编写操作 CSV 文件的方法。

9.4.2 读/写 CSV 文件的方法

1. 数据的维度

CSV 文件主要用于数据的组织和处理。根据数据表示的复杂程度和数据间关系的不同，可以将数据划分为一维数据、二维数据、多维数据和高维数据等类型。

一维数据即线性结构，也称线性表。表现为 n 个数据项组成的有限序列，这些数据项之间体现为线性关系。线性关系的含义是除了序列中的第 1 个元素和最后一个元素，其他元素都有一个前驱和一个后继。在 Python 中，可以用列表、元组等描述一维数据。例如，下面是一维数据的描述。

```
lst1 = ['a','b', '1',100]
tup1 = (1,3,5,7,9)
```

二维数据也称关系，与数学中的矩阵类似，采用表格的方式组织。用列表和元组描述一维数据时，如果一维数据中的数据项也是序列，就构成了二维数据。例如，下面是用列表描述的二维数据。

```
lst2 = [[1,2,3,4],['a','b','c'],[−9,−37,100]]
```

更典型的二维数据可用表来描述，见表 9-6。

表 9-6 用表描述的数据

Name	Department	English	Math	Chinese
Rose	法学	89	78	65
Mike	历史	56	1	44
John	数学	45	65	67

二维数据可以理解为特殊的一维数据，通常更适合用 CSV 文件存储。

多维数据是二维数据的扩展，通常用列表或元组来组织，通过索引来访问。下面是用元组组织的多维数据。

```
tup2 = (
        ((1, 2, 3), (-1, -2, -3), ('a', 'b', 'c')),
        ((-100, -200), ('ab', 'bc'))
)
```

高维数据由键值对类型的数据构成,采用对象方式组织,属于维度更高的数据组织方式。用键值对表示的高维数据"成绩单"如下。

```
{"成绩单":[
        {"姓名":"Rose",
        "专业":"法学",
        "score":"78"
        },
        {"姓名":"Mike",
         "专业":"历史",
         "score":"78"
        },
        {"姓名":"John",
         "专业":"数学",
         "score":"90"
        }
    ]
}
```

其中,数据项 score 可以进一步用键值对形式描述,形成更复杂的数据结构。

2. 向 CSV 文件写入和读取一维数据

用列表变量保存一维数据,可以使用字符串的 join()方法构成逗号分隔的字符串,再使用 write()方法写入 CSV 文件。读取 CSV 文件中的一维数据,即读取一行数据,使用 read()方法即可,也可以将文件的内容读取到列表中。

CSV 文件中一维数据的读/写见例 9-18。

例 9-18　CSV 文件中一维数据的读/写

```
1    # 向 CSV 文件中写入一维数据,并读取
2    lst1 = ["name","age","school","address"]
3    filew = open('asheet.csv','w')
4    filew.write(",".join(lst1))
5    filew.close()
6
7    filer = open('asheet.csv','r')
8    line = filer.read()
9    print(line)
10   filer.close()
```

3. 向 CSV 文件写入和读取二维数据

csv 模块中的 reader()和 writer()方法提供了读/写 CSV 文件的操作。需要注意的是,向 CSV 文件写入数据时,指定 newline = ""选项可以防止向文件写入空行。另外,可以使用 CSV 文件的 writerow()方法将一行数据写入 CSV 文件,也可以使用 writerows()方法将一个二维列表中的每一个列表写为 CSV 文件的一行。

CSV 文件中二维数据的读/写见例 9-19,其中,文件操作使用了 with 上下文管理语句,

文件处理完毕后将会自动关闭。

例 9-19　CSV 文件中二维数据的读/写

```
1    # 使用 csv 模块写入和读取二维数据
2    datas = [['Name', 'Department', 'English', 'Math', 'Chinese'],
3            ['Rose', '法学', 89, 78, 65],
4            ['Mike', '历史', 56, 1, 44],
5            ['John','数学', 45, 65, 67],
6            ['Kelen', '数学', 83, 79, 87]
7            ]
8    import csv
9
10   filename = 'score.csv'
11   with open(filename, 'w', newline = "") as f:
12       mywriter = csv.writer(f)
13       # mywriter.writerows(datas)
14       for row in datas:
15           mywriter.writerow(row)
16
17   ls = []
18   with open(filename, 'r') as f:
19       myreader = csv.reader(f)
20       # print(myreader)
21       for row in myreader:
22           print(myreader.line_num, row)  # 行号从 1 开始
23           ls.append(row)
24       print(ls)
```

程序的运行结果如下，第一部分（前 5 行）是打印在屏幕上的二维数据，并显示了行号；第二部分（后 3 行）打印的是列表。

```
>>>
1 ['Name', 'Department', 'English', 'Math', 'Chinese']
2 ['Rose', '法学', '89', '78', '65']
3 ['Mike', '历史', '56', '1', '44']
4 ['John', '数学', '45', '65', '67']
5 ['Kelen', '数学', '83', '79', '87']
[['Name', 'Department', 'English', 'Math', 'Chinese'], ['Rose', '法学', '89', '78',
'65'], ['Mike', '历史', '56', '1', '44'], ['John', '数学', '45', '65', '67'], ['Kelen',
'数学', '83', '79', '87']]
>>>
```

上面的运行结果中包括了列表的符号，也包括了数据项外面的引号，下面进一步处理输出格式，见例 9-20。

例 9-20　处理 CSV 文件的数据输出格式

```
1    # 使用内置 csv 模块写入和读取二维数据
2    '''
3    datas = [['Name', 'Department', 'English', 'Math', 'Chinese'],
4            ['Rose', '法学', 89, 78, 65],
5            ['Mike', '历史', 56, '1', 44],
```

```
6            ['John','数学', 45, 65, 67],
7            ['Kelen', '数学', 83, 79, 87]
8            ]
9      '''
10     import csv
11     filename = 'score.csv'
12     str1 = ''
13     with open(filename,'r') as f:
14        myreader = csv.reader(f)
15        # print(myreader)
16        for row in myreader:
17            for item in row:
18                str1 += item+'\t'              # 增加数据项间距
19            str1 += '\n'                       # 增加换行
20            print(myreader.line_num, row)      # 行号从 1 开始
21        print(str1)
```

程序运行结果如下。第一部分（前 5 行）是以列表形式显示的结果，第二部分（后 5 行）显示的是清晰的二维数据。

```
>>>
1 ['Name', 'Department', 'English', 'Math', 'Chinese']
2 ['Rose', '法学', '89', '78', '65']
3 ['Mike', '历史', '56', '1', '44']
4 ['John', '数学', '45', '65', '67']
5 ['Kelen', '数学', '83', '79', '87']
Name    Department      English     Math       Chinese
Rose    法学            89          78         65
Mike    历史            56          1          44
John    数学            45          65         67
Kelen   数学            83          79         87
>>>
```

9.4.3　任务的实现

本小节任务是将 score.csv 文件中的学生信息按平均成绩降序排列，要点如下。

（1）读取 CSV 文件。

（2）定义空字典 dicts，将 score.csv 文件内容以课程为关键字写入 dicts。字典 dicts 的 key 是 Name，value 是 3 门课程的平均成绩。

（3）注意需要跳过表头（表的第一行），代码中使用变量 i 控制不处理表头。

（4）将字典转化为列表，排序输出。

读取 CSV 文件，按平均成绩降序输出学生信息见例 9-21。

例 9-21　读取 CSV 文件，按平均成绩降序输出学生信息

```
1    file = open("score.csv")
2    dicts = {}
3    i = 0
4    for line in file:
```

```
5      if i == 0:
6          pass
7      else:
8          items = line.strip().split(",")
9          avgscore = (int(items[2])+int(items[3])+int(items[4]))/3
10         dicts[items[0]] = avgscore
11     i = i+1
12  # print(dicts)
13  lst = list(dicts.items())
14  lst.sort(key = lambda x:x[1],reverse = True)
15  for i in range(len(lst)):
16     name,score = lst[i]
17     print("姓名:{}，平均成绩:{:.3f}".format(name,score))
```

课堂练习

（1）Python 内置的读/写 CSV 文件的标准库是什么？该库包括哪些主要方法？

（2）下面程序的功能是将 1~100 的平方写入 CSV 文件 datas.csv。完善程序，在【代码 1】和【代码 2】处补充合适的内容。

```
import csv
datas = 【代码1】     # 产生1~100的平方
datas = [x**2 for x in range(1,101)]
file = open("datas.csv", 'w', encoding = "utf-8")
mywriter  = 【代码2】
mywriter = csv.writer(file)
for x in datas:
    mywriter.writerow(str(x))
file.close()
```

实　　训

实训 1　为文本文件添加行号

【训练要点】

（1）文件打开、关闭、读/写方法的应用。

（2）enumerate()函数的应用。

【需求说明】

（1）使用 input()函数输入文件名。

（2）输出添加行号后生成的文件。

【实现要点】

（1）打开文件并逐行遍历文件。

（2）使用 enumerate()函数为文件添加行号。

enumerate()函数的功能是将一个可遍历的数据对象（如表、元组或文件等）组合为索引序列，同时列出数据和索引，通常在 for 循环中使用。

（3）添加行号后逐行写入新文件。

【代码实现】

```
1    filename = input("请输入添加行号的文件名: ")
2    filename2 = input("请输入新生成的文件名: ")
3    sourcefile = open(filename,'r',encoding = "utf-8")
4    targetfile = open(filename2,'w',encoding = "utf-8")
5    linenumber = ""
6    for (num,value) in enumerate(sourcefile):
7        if num<9:
8            linenumber = '0'+str(num+1)
9        else:
10           linenumber = str(num+1)
11       str1 = linenumber+"    "+value
12       print(str1)
13       targetfile.write(str1)
14   sourcefile.close()
15   targetfile.close()
```

实训 2　日志文件的建立

【训练要点】

（1）文件打开、关闭、读/写方法的应用。

（2）datatime 模块中函数的应用。

【需求说明】

（1）使用 input()函数输入日志信息。

输入日志文件名和日志信息，"exit"作为日志输入结束的标志。在日志末尾添加日志输入的日期和时间。

（2）生成日志文件。

【实现要点】

（1）在 open()函数中，使用'a'模式打开文件。

（2）使用 datetime.now()方法产生日志输入时间。

（3）为了使日志显示清晰，为文件输入数据时加入换行符"\n"。

【代码实现】

```
1    from datetime import datetime
2    filename = input("请输入日志文件名: ")
3    file = open(filename,'a')
4    print("请输入日志, exit 结束")
```

```
5    s = input("log:")
6    while s.lower() != "exit":
7        file.write("\n"+s)
8        file.write("\n---------------------\n")
9        file.flush()
10       s = input("log:")
11   file.write("\n == == = "+str(datetime.now())+" == == = \n")
12   file.close()
```

项目 文件加密和解密的实现

【项目描述】

使用字符移位方法实现文本文件的加密和解密功能。

【项目分析】

使用字符移位方法对文本文件进行加密和解密时，加密和解密使用同一个密钥，是一种对称加密算法。这种加密方式也叫凯撒密码，加密时会将明文中的每个字母按照其在字母表中的顺序向后（或向前）移动固定数目（循环移动）作为密文。项目实现思路如下。

（1）整数类型变量 key 作为密钥，对给定的文本文件执行加密运算，并保存加密后的文件。

（2）加密算法是对文件中的每个字符 c 执行 chr(ord(c)+key)操作，表示字符 c 使用其后第 key 个字符来代替。加密后的字母用(chr(ord(c)-key)解密。

例如，文件内容如果是"abc123<("，密钥是 4，则加密后的文件是"efg567@,"。

（3）密钥 key 由 random.randint()函数生成。

【项目实现】

（1）编写字符加密函数 encrychar()和解密函数 decrychar()。

（2）编写字符串加密函数 encrypted()和解密函数 decrypted()。

（3）编写主函数 main()。

【程序代码】

```
1    import random
2    key = random.randint(1,10)
3
4    def encrychar(c):
5        return(chr(ord(c)+key))
6    def decrychar(c):
7        return(chr(ord(c)-key))
8    def encrypted(line):
9        temp = ""
10       for c in line:
11           temp += encrychar(c)
12       return temp
13   def decrypted(line):
14       temp = ""
15       for c in line:
```

```
16          temp += decrychar(c)
17      return temp
18  # 主函数
19  def main():
20  # 以下实现加密功能
21      fin =  open("tools/file.txt")
22      fout =  open("tools/file1.txt","w")
23      for line in fin:
24          fout.writelines(encrypted(line))
25      fin.close()
26      fout.close()
27  # 以下实现解密功能
28      fin =  open("tools/file1.txt")
29      fout =  open("tools/file.txt","w")
30      for line in fin:
31          fout.writelines(decrypted(line))
32          print(decrypted(line))
33      fin.close()
34      fout.close()
35
36  if __name__ == '__main__':
37      main()
```

小　　结

本章介绍了文件的概念，打开和关闭文件的方法，文本文件和二进制文件的读/写操作，文件和目录的操作等内容。

文件可以分为文本文件和二进制文件两种存储形式。文本文件按 ASCII、UTF-8 或 Unicode 等格式进行编码；二进制文件存储的是由 0 和 1 组成的二进制编码。二进制文件按字节处理，二进制文件和文本文件最主要的区别在于编码格式。

文件操作需要先使用 open()方法打开文件，结束后再用 close()方法关闭文件。文件的读操作使用 read()方法，文件的写操作使用 write()方法，文件指针的定位使用 tell()方法和 seek()方法。

查看文件属性、复制和删除文件、创建和删除目录等属于文件和目录的操作范畴，可以使用 os 模块和 os.path 模块中的函数实现。

课后习题

1．简答题

（1）常用的文本文件的编码方式有哪几种？

（2）请列出 4 种文件打开模式，说明其含义。

（3）文本文件和二进制文件在读/写时有什么区别？请举例说明。

（4）使用 readlines()方法和 readline()方法读取文本文件时，主要的区别是什么？

（5）文件写操作主要使用哪两种方法？

（6）os 模块的 getcwd()函数有什么用途？

（7）如何创建 CSV 文件？

（8）高维数据有什么特点？

2. 选择题

（1）使用 open()方法打开文件时，如果文件不存在，下列哪种模式会报告异常？（　　）

A．'r'　　　　　　　　B．'a'　　　　　　　　C．'w'　　　　　　　　D．'w+'

（2）file 是文本文件对象，下列选项中，哪一项用于读取文件的一行？（　　）

A．file.read()　　　　　　　　　　　　B．file.readline(80)

C．file.readlines()　　　　　　　　　　D．file.readline()

（3）使用 open()函数打开 Windows 操作系统的文件，路径名**不正确**的是哪一项？（　　）

A．open(r"D:\python\a.txt",'w')　　　　B．open("D:\python\a.txt",'w')

C．open("D:/python/a.txt",'w')　　　　D．open("D:\\python\\a.txt",'w')

（4）下列代码可以成功执行，则 myfile.data 文件的保存目录是哪一个选项？（　　）

```
open("myfile.data","ab")
```

A．C 盘根目录下　　　　　　　　　　B．由 path 路径指明

C．Python 安装目录下　　　　　　　　D．与程序文件在相同的目录下

（5）下列说法中，**不正确**的是哪一项？（　　）

A．以'w'模式打开一个可读/写的文件，如果文件存在会被覆盖

B．使用 write()方法写入文件时，数据会追加到文件的末尾

C．使用 read()方法可以一次性读取文件中的所有数据

D．使用 readlines()方法可以一次性读取文件中的所有数据

（6）执行下列语句后，文件 1.dat 中的内容是哪一项？（　　）

```
fo = open("1.dat",'w')
x = ["open",' ',"read",'' ,"write"]
fo.write("".join(x))
fo.close()
```

A．["open",' ',"read"," ,"write"]　　　　B．open read write

C．"open" "read" "write"　　　　　　　D．open,read,write

（7）在读/写 CSV 文件时，**最不可能**使用的字符串处理方法是哪一项？（　　）

A．join()　　　　　B．index()　　　　　C．strip()　　　　　D．split()

（8）给出以下代码，哪一项是**不正确**的选项？（　　）

```
name = input("请输入要打开的文件: ")
fi = open(name)
for line in fi.readlines():
    print(line)
fi.close()
```

A．fi.readlines()的内容是一个序列，可以使用 type(fi.readlines())查看其类型

B．输入文件名称，读入文件内容并逐行输出

C． fi.readlines()方法将文件的全部内容读入一个字典 fi 中

D． 代码 for line in fi.readlines()可以写为 for line in fi

（9）文件 exam.txt 与下面的程序在同一目录，其内容是一段文本：Learning Python，以下最可能的输出结果是哪一项？（　　　）

```
fo = open("exam.txt")
print(fo)
fo.close()
```

A． Learning Python   B． exam.txt

C． exam   D． <_io.TextIOWrapper …>

3. 阅读程序

（1）下面程序的功能是将文件 thispro.py 删除指定单词后，再复制到文件 f2.txt 中。完善程序，在【代码 1】【代码 2】处补充合适的内容。

```
fi = open("thispro.py",'r')
fo = open("f2.txt",'w')
deleteword = input("请输入要删除的单词：")
for line in fi:
    line1 = 【代码 1】
    【代码 2】
fi.close()
fo.close()
```

（2）给出一个关于选举投票信息的文本文件 result.txt，内容如下。一行只有一个姓名的投票才是有效票；一行存在多个姓名时，姓名之间用空格分隔，为无效选票。下面的程序用于统计有效票数，请在【代码 1】【代码 2】处补充合适的内容完善程序。

文本文件 result.txt 内容如下。

```
杨 pi
Dlreba
xiaofeng
xiaofeng
xianfeng   murong
杨 pi
xuzhu
Dlreba
murong 杨 pi
```

程序代码如下。

```
f = open("vote.txt")
names = f.readlines()
f.close()
n = 0
for name in 【代码 1】:
    num = 【代码 2】
    if num == 1:
        n += 1
print("有效票{}张".format(n))
```

（3）下面的程序运行时，要求通过键盘输入某班每个同学就业的行业名称，用空格间隔（回车结束输入）。程序的功能是统计各行业就业的学生数量，按数量从高到低排序输出。

例如，输入内容如下。

```
交通 计算机 通信 计算机 网络 网络 交通 计算机
```

输出内容如下。

```
计算机：3
网络：2
交通：2
通信：1
```

完善程序，请在【代码1】【代码2】处补充合适的内容。

```
names = input("请输入就业行业名称，用空格间隔（回车结束输入）：")
t = names.split()
d = {}
for c in range(len(t)):
    d[t[c]] =  【代码1】
ls = list(d.items())
ls.sort(【代码2】)                # 按照数量排序
for k in range(len(ls)):
    zy,num = ls[k]
    print("{}:{}".format(zy,num))
```

4. 编程题

（1）将一个文件中的所有英文字符转换成大写，复制到另一个文件中。

（2）将一个文件中的指定单词删除后，复制到另一个文件中。

（3）接收用户从键盘输入的一个文件名，然后判断该文件是否存在于当前目录。若存在，则输出以下信息：文件是否可读、文件大小、文件是普通文件还是目录。若不存在，则给出提示信息。

（4）将一个文本文件加密后输出，规则如下：大写英文字符 A 变换为 C，B 变换为 D，……，Y 变换为 A，Z 变换为 B，小写英文字符规则同上，其他字符不变。

第10章　Python 的异常处理

> 程序在运行过程中发生错误是不可避免的，这种错误就是异常（Exception）。用户在开发一个完整的应用系统时，应提供异常处理方法。
>
> Python 的异常处理方法使程序运行时出现的问题可以用统一的方式进行处理，规范了程序的设计风格，提高了程序的质量。本章将详细介绍 Python 的异常处理方法，包括用户自定义的异常。

◇ 学习目标

（1）了解异常及异常处理的概念。
（2）掌握捕获及处理异常的方法。
（3）了解抛出异常和自定义异常的意义。
（4）掌握断言和上下文管理的应用。

◇ 知识结构

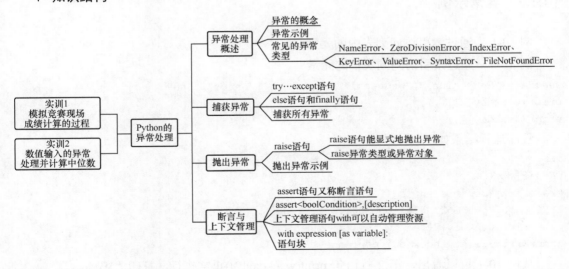

任务 10.1　异常处理概述

【任务描述】

Python 包含了丰富的异常处理方法，增加了程序的稳定性和可读性。

本节任务是了解程序错误和运行异常的概念，掌握常见的异常类型。编写程序，接收键盘输入的 5 个数据，如果是数值数据，则求和；如果是非数值数据，则报告 ValueError 异常。

10.1.1 异常的概念

异常是程序在运行过程中发生的，硬件故障、软件设计错误、运行环境不满足等导致的程序错误事件，如除 0 溢出、引用序列中不存在的索引、文件找不到等，这些事件的发生将阻止程序的正常运行。为了保证程序的健壮和容错，用户在编写程序时，通常应考虑到可能发生的异常事件并进行相应的处理。

Python 通过异常对象来处理异常，并引入了异常的概念。一段代码运行时如果发生了异常，则会生成代表该异常的一个对象，并把它交给 Python 解释器，解释器寻找相应的代码来处理这一异常。

Python 异常处理方法有以下优点。

- 引入异常处理方法后，异常处理代码和正常执行的程序代码隔开，程序结构更加清晰，程序流程更加合理。
- 引入异常处理方法可以对产生的各种异常事件进行分类处理，也可以对多个异常统一处理，具有较高的灵活性。
- 发生异常后，可以从 try…except 的代码段中快速定位异常出现的位置，异常处理的效率得到提高。

10.1.2 异常示例

例 10-1 为通过索引访问列表中的元素。

例 10-1　通过索引访问列表中的元素

```
weekday=["Mon","Tues","Wednes","Thurs","Fri","Satur","Sun"]
print(weekday[2])
print(weekday[7])
```

程序运行结果如下。

```
>>>
Wednes
Traceback (most recent call last):
  File "D:\python310\10\code1001.py", line 3, in <module>
    print(weekday[7])
IndexError: list index out of range
```

从例 10-1 可以看出，第 2 行语句 print(weekday[2])正常执行，打印 "Wednes"；第 3 行语句 print(weekday[7])执行时发生异常，报告的异常信息包括：Python 源文件的名字及路径、发生异常的行号、异常的类型及描述。其中，异常的类型及描述如下。

```
IndexError: list index out of range
```

该行语句提示用户，这是列表索引越界的异常。为什么会出现这个异常呢？这是因为程序中的语句 print(weekday[7])要求输出列表中 index 值为 7 的元素，而这个程序中 index 的最大值是 6，所以发生了异常。

为了使程序更健壮，可以捕获上面程序中的异常。捕获异常使用 try…except 结构，修改后的程序如下。

```
try:
    weekday=["Mon", "Tues", "Wednes", "Thurs", "Fri", "Satur", "Sun"]
    print(weekday[2])
    print(weekday[7])
except IndexError:
    print("列表索引可能超出范围")
```

程序运行结果如下。

```
>>>
Wednes
列表索引可能超出范围
```

从运行结果可以看出，系统捕获了程序中的异常"IndexError"。为了准确处理异常，读者必须熟悉常见的异常类型，如 IndexError、NameError、ZeroDivisionError 等。

10.1.3　常见的异常类型

Python 中常规的异常类型实际上是预先定义的类，是 Exception 的子类。Exception 定义在 exceptions 模块中，该模块是 Python 的内置模块，用户可以直接使用。

程序在执行过程中遇到错误，引发异常时，如果没有捕获这个异常对象，Python 解释器就找不到处理异常的方法，程序就会终止执行，并打印异常的名称（IndexError）、原因和发生异常的行号等信息。

异常的名称实际上就是异常的类型，下面是一些 Python 常见的异常类型。

1.　NameError

尝试访问一个未声明的变量会引发 NameError 异常。例如，在 Python 交互模式下执行下面的代码。

```
>>> print(sno)
Traceback (most recent call last):
  File "<pyshell#9>", line 1, in <module>
    print(sno)
NameError: name sno is not defined
>>>
```

代码执行的结果表明，异常的类型是 NameError，Python 解释器没有找到变量 sno。

2.　ZeroDivisionError

除数为零会引发 ZeroDivisionError 异常。例如，在 Python 交互模式下执行下面的代码。

```
>>> x=100
>>> print(x/0)
Traceback (most recent call last):
  File "<pyshell#18>", line 1, in <module>
    print(x/0)
ZeroDivisionError: division by zero
```

代码执行的结果表明，引发了名为 ZeroDivisionError 的异常，解释信息是 division by zero。

事实上，任何数值被零除都会导致上述异常。

3. IndexError

引用序列中不存在的索引会引发 IndexError 异常。例 10-1 已经展示了列表索引超出范围的异常情况。下面的代码展示了字符串索引超过范围的异常情况。

```
>>> string ="hi,Python"
>>> for i in range(len(string)):
...     print(string[i+1],end="")
# 输出结果
i,Python Traceback (most recent call last):
  File "<pyshell#53>", line 2, in <module>
    print(string[i+1],end=" ")
IndexError: string index out of range
>>>
```

4. KeyError

使用字典（映射）中不存在的键会引发 KeyError 异常。例如执行下面的代码。

```
>>> student={"sname":"Rose", "sid":201}
>>> student["sname"]
'Rose'
>>> student["semail"]
Traceback (most recent call last):
  File "<pyshell#62>", line 1, in <module>
    student["semail"]
KeyError: 'semail'
>>>
```

在上述代码中，字典变量 student 中只有 sname 和 sid 两个键，获取 semail 键对应的值时，显示异常信息。提示信息表明，代码访问了字典中没有的键 semail。

5. ValueError

尝试将一个与数字无关的类型转化为数值会引发异常。例如执行下面的代码。

```
>>>
x=float("9.8q1")
Traceback (most recent call last):
  File "<pyshell#7>", line 1, in <module>
    x=float("9.8q1")
ValueError: could not convert string to float: '9.8q1'>>>
```

在上述代码中，将字符串"9.8q1"转换为浮点数，报告了 ValueError 异常。

6. SyntaxError

解释器发现语法错误会引发 SyntaxError 异常。例如执行下面的代码。

```
>>> lst=["one","two","three"]
>>> for item in lst:
    print(item)
SyntaxError: expected an indented block after 'for' statement on line 1
```

在上述代码中，由于 print(item)语句的缩进不正确，程序出现异常。实际上这是语法错误，在 Python 中也算一类异常。SyntaxError 异常是唯一不在运行时发生的异常，它在编译时发生，解释器无法把脚本转换为字节代码，导致程序无法运行。

7. FileNotFoundError

试图打开不存在的文件会引发 FileNotFoundError 异常。例如执行下面的代码。

```
>>> filename="readme.txt"
>>> open(filename)
Traceback (most recent call last):
  File "<pyshell#15>", line 1, in <module>
    open(filename)
FileNotFoundError: [Errno 2] No such file or directory: 'readme.txt'
>>>
```

在上述代码中，使用 open()方法打开名为 readme.txt 的文件。因为文件不存在，所以会显示异常信息，表明没有找到名为 readme.txt 的文件。

FileNotFoundError、InterruptedError 这类异常发生时，用户本身的代码没有任何错误，只是由于外部原因，如文件丢失、设备错误引发的异常，这类异常通常应当在程序中捕获并处理，以提高程序的健壮性。而 NameError、ZeroDivisionError、IndexError、KeyError 这些异常，通过提高用户的编程水平一般可以避免，也不一定要捕获。

10.1.4　任务的实现

本小节任务是接收键盘输入的 5 个数据，并进行异常处理，要点如下。

（1）使用 for 循环控制输入次数。

（2）使用 float()函数将输入内容转换为数值（浮点）数据。

（3）使用 try…except 语句捕获异常，异常类型为 ValueError。

使用 ValueError 类型捕获异常见例 10-2。

例 10-2　使用 ValueError 类型捕获异常

```
1   s=0
2   for i in range(5):
3       try:
4           x=float(input("请输入数据："))
5           s=s+x
6       except ValueError:
7           print("请输入数值数据")
8
9   print("输入数据之和为：{}".format(s)))
```

课堂练习

（1）在 IDLE 环境下运行下面代码，输入不同的数据后，可能报告什么类型的异常？

```
>>> x=int(input("请输入数值，输入-999 退出程序："))
```

（2）在 IDLE 环境下运行下面代码，将报告什么类型的异常？

```
>>> student={"sname":"Rose","sid":201}
```

```
>>> student["sName"]
```

（3）处理异常使用怎样的语法结构？

任务 10.2 捕获异常

【任务描述】

程序执行过程中如果出现异常，会自动生成一个异常对象，该异常对象被提交给 Python 解释器，这个过程称为抛出异常；Python 解释器接收到异常对象时，会寻找处理这一异常的代码并处理。

如果 Python 解释器找不到可以处理异常的方法，则运行系统终止，应用程序退出。

编写程序，打开文件 tempa.py，读取并复制文件内容到 tempb.txt 中。使用 try…except…else…finally 结构捕获异常，当 tempa.py 不存在或无法读取时，报告"没有找到文件或读/写失败"的异常信息；当文件复制成功时，在 else 语句块打印"复制成功"信息；在 finally 语句块关闭文件。

10.2.1　try…except 语句

异常处理包括两个环节，捕获异常和处理异常。Python 通过 try…except 结构处理异常，帮助用户准确定位异常发生的位置和原因，其语法格式如下。

```
try:
    捕获异常代码
except ExceptionName1:
    异常处理代码1
except ExceptionName2:
    异常处理代码2
...
```

例 10-3 使用 try…except 语句实现基本的异常处理。程序的功能是接收键盘输入的一个整数，求 100 除以这个数的商，并显示结果。程序对从键盘输入的数据进行异常处理。

例 10-3　基本的异常处理示例

```
1   try:
2       x=int(input("请输入数据"))
3       print(100/x)
4   except ZeroDivisionError:
5       print("异常信息：除数不能为 0")
6   except ValueError:
7       print("异常信息：输入数据必须是阿拉伯数字")
```

下面来分析这个示例，了解异常处理的基本过程。

（1）try 语句

捕获异常的第一步是用 try 语句指定捕获异常的范围，由 try 限定的代码块中的语句在执行过程中，可能会生成异常对象并抛出。

（2）except 语句

except 语句用于处理 try 代码块生成的异常。except 语句后的参数指明它能够捕获的异常类型。except 块中包含的是异常处理的代码。

例 10-3 使用了两个 except 语句进行异常捕获。

- 执行程序时，如果输入非零的数字 5，程序正常运行，输出结果为 20.0。
- 执行程序时，如果输入数字 0，程序进行异常处理，并输出异常报告"异常信息：除数不能为 0"。
- 执行程序时，如果输入字符，程序进行异常处理，并输出异常报告"异常信息：输入数据必须是阿拉伯数字"。

从上面的运行结果可以看出，Python 进行异常处理后，程序的适应能力得到增强。除前面提到的 7 种常见异常类型外，其他的异常类型请查看 Python 的帮助文档。

10.2.2　else 语句和 finally 语句

try…except 结构是异常处理的基本结构，完整的异常处理结构还包括可选的 else 语句块和 finally 语句块，语法格式如下。

```
try:
    语句块
except ExceptionName:
    异常处理代码
...                        # except 可以有多个
else:
    无异常发生时的语句块
finally:
    必须处理的语句块
```

下面重点介绍 else 语句和 finally 语句。

1. else 语句

异常处理中的 else 语句与循环中的 else 语句类似，try 语句没有捕获到异常信息时，将不执行 except 语句块，而是执行 else 语句块。例 10-4 改进了例 10-3，无异常发生时，将会输出提示信息。

例 10-4　else 语句示例

```
1     '''
2     从键盘输入一个整数，求 100 除以它的商，并显示。
3     对从键盘输入的数进行异常处理，若无异常发生，打印提示信息
4     '''
5     try:
6         x=int(input("请输入数据"))
7         print(100/x)
8     except ZeroDivisionError:
9         print("异常信息：除数不能为 0")
10    except ValueError:
11        print("异常信息：输入数据必须是阿拉伯数字")
```

```
12    else:
13        print("程序正常结束，未捕获到异常")
```

程序输出结果如下。

```
>>>
请输入数据 5
20.0
程序正常结束，未捕获到异常
```

在例 10-4 中，try 语句如果有异常发生，则会选择一个 except 语句块执行；如果没有异常发生，程序正常结束，执行 else 语句块。

2. finally 语句

finally 语句为异常处理提供了统一的出口，使控制流在转到程序的其他部分以前，能够对程序或资源的状态进行管理。不管在 try 语句块中是否发生异常，finally 语句块中的语句都会被执行。

else 语句和 finally 语句都是可选的，但 try 语句后至少要有一条 except 语句或 finally 语句。finally 语句块中的内容经常用于做一些资源的清理工作，如关闭打开的文件、断开数据库连接等，具体见例 10-5。

例 10-5　finally 语句示例

```
1     fname = "code1005.py"
2     file = None
3     try:
4         file = open(fname, "r", encoding = "utf-8")
5         for line in file:
6             print(line, end="")
7     except FileNotFoundError:
8         print("您要读取的文件不存在，请确认")
9     else:
10        print("文件读取正常结束")
11    finally:
12        print("文件正常关闭")
13        if file != None:
14            file.close()
```

例 10-5 中的 finally 语句用于关闭打开的文件。程序在第 4 行使用 UTF-8 编码方式打开 Python 源文件，之后在屏幕上显示。在第 11 行的 finally 语句块中，程序输出提示信息，然后在第 13 行判断文件对象是否存在，如果存在，关闭文件。

10.2.3　捕获所有的异常

如果用户编写的程序质量低，一个程序可能存在多处错误，逐一捕获这些异常会非常烦琐，而且没有必要。为了解决这个问题，可以在 except 语句中不指明异常类型，这样它就可以处理任何类型的异常。

下面的示例可能会出现 IndexError、ZeroDivisonError、SyntaxError 等异常。为了让读者更好地理解如何捕获所有异常，通过在 except 语句中不指明类型来实现异常捕获，具体见例 10-6。

例 10-6　通过 except 语句捕获所有的异常

```
1    x = [12,3,-4]
2    try:
3        x[0] = int(input("请输入第 1 个数:"))
4        x[1] = int(input("请输入第 2 个数:"))
5        print(x[0]/x[1])
6    except:
7        print("程序出现异常")
```

在例 10-6 中，第 6 行的 except 语句没有标注异常的类型，在该语句中统一处理了程序可能会出现的所有错误。

运行程序，在控制台输入第 1 个数为 6，第 2 个数为 2，无异常产生，运行结果如下。

```
>>>
请输入第 1 个数:6
请输入第 2 个数:2
3.0
```

再次运行程序，在控制台输入第 1 个数为 4，第 2 个数为字符 a，产生异常，运行结果如下。

```
>>>
请输入第 1 个数:4
请输入第 2 个数:a
程序出现异常
```

再次运行程序，在控制台输入第 1 个数为 4，第 2 个数为 0，产生异常，运行结果如下。

```
>>>
请输入第 1 个数:4
请输入第 2 个数:0
程序出现异常
```

从上述几次运行结果可以看出，当有异常发生时，提示信息都是一样的，这就是捕获所有异常的一种情况。但这种方式不能很好地查找异常的类型和位置，只适合在程序设计初期使用，之后应不断细化异常，以方便用户调试和修改程序。

为了能区分来自不同语句的异常，还有一种捕获所有异常的方法，就是在 except 语句后使用 Exception 类型。由于 Exception 是所有异常类型的父类，因此可以捕获所有的异常。定义一个 Exception 的对象 result（对象名是任意合法的标识符）作为异常处理对象，从而输出异常信息，具体见例 10-7。因为程序已经捕获了异常信息，所以不会再出现因为异常而退出的情况。

例 10-7　使用 Exception 类型的对象捕获所有的异常

```
1    x = [12,3,-4]
2    try:
3        x[0] = int(input("请输入第 1 个数:"))
4        x[1] = int(input("请输入第 2 个数:"))
5        print(x[0]/x[1])
6    except Exception as result:
7        print("程序出现异常", result)
```

运行程序，在控制台输入第 1 个数为 6，第 2 个数为 0，运行结果如下。

```
>>>
请输入第 1 个数:6
请输入第 2 个数:0
程序出现异常 division by zero
```

10.2.4　任务的实现

本小节任务是使用 try…except…else…finally 结构捕获文件不存在或无法读取的异常,要点如下。

（1）初始化源文件变量 source 和目标文件变量 target 的值为 None。

（2）将可能产生异常的语句放到 try…except 结构中;将程序正常运行的信息放到 else 语句块中。

（3）在 finally 语句块中关闭已经打开的文件。执行 source.close()和 target.close()语句时,可能因对象不存在而抛出异常,故增加一个判断语句。

（4）文件不存在、文件访问受限或文件读取/写入遇到问题,则报告 FileNotFoundError,OSError 异常。

文件复制中的异常处理见例 10-8。

例 10-8　文件复制中的异常处理

```
1   source = target = None
2   try :
3       source = open("1002.py", encoding = "utf8")
4       target = open("tempb.txt", "w+")
5       target.write(source.read())
6   except (FileNotFoundError, OSError):
7       print("没有找到文件或读/写失败")
8   else:
9       print("文件复制成功")
10  finally:
11      if source != None:
12          source.close()
13      if target != None:
14          target.close()
```

课堂练习

（1）阅读如下代码, 如果 tryThis()函数抛出 ValueError 异常, 输出结果是什么?

```
try:
    print("This is a test")
    tryThis()
except IndexError:
    print("exception 1")
except:
    print("exception 2")
```

```
finally:
    print("finally")
```

（2）阅读如下代码，如果找不到文本文件 test.txt，输出结果是什么？

```
try:
    myfile = open("test.txt")
    print("success")
except FileNotFoundError:
    print("Location 1")
finally:
    print("Location 2")
print("Location 4")
```

任务 10.3　抛出异常

【任务描述】

在 Python 中，除了程序运行出现错误时会引发异常，还可以使用 raise 语句主动抛出异常。抛出异常主要的应用场景是自定义异常。

本节任务是编写程序，模拟实现支付功能，当支付额度大于 5000 时，抛出 ValueError 异常；当支付额度小于 5000 时，按照额度的 10% 扣除税金。

10.3.1　raise 语句

try…except 语句是在程序运行期间自动地引发异常，raise 语句能显式地抛出异常，其格式如下。

```
raise 异常类型或异常对象     # 抛出异常，创建异常对象
```

上面的格式会触发异常并创建异常对象。raise 语句指定异常类型时，会创建该类的实例对象，然后引发异常。例如执行下面的代码会引发 NameError 异常。

```
>>>
>>> raise NameError
```

代码的执行结果如下。

```
>>>
Traceback (most recent call last):
  File "<pyshell#8>", line 1, in <module>
    raise NameError
NameError
```

也可以通过显式地创建异常对象，直接使用该对象来引发异常。例如执行下面的代码，创建一个 NameError 类型的对象 nerror，然后使用 raise nerror 语句抛出异常。

```
>>> nerror = NameError()
>>> raise nerror
```

代码的执行结果如下。

```
>>>
Traceback (most recent call last):
  File "<pyshell#13>", line 1, in <module>
    raise nerror
NameError
```

当使用 raise 语句抛出异常时，还可以给异常类型指定描述信息。例如执行下面的代码，在抛出异常类型时传入自定义的描述信息。

```
>>> raise IndexError("索引超出范围")
```

代码的执行结果如下。

```
>>>
Traceback (most recent call last):
  File "<pyshell#29>", line 1, in <module>
    raise IndexError("索引超出范围")
IndexError: 索引超出范围
```

10.3.2 抛出异常示例

用户的应用程序也可以抛出异常，但需要生成异常对象。生成异常对象一般是通过 raise 语句实现的。例 10-9 为抛出异常的应用，即计算圆柱体体积，如果圆柱体的半径 r 与高 h 小于 0，则抛出 ValueError 异常。

例 10-9　抛出异常的应用

```
1    import math
2    def getCylinderVolumn(r,h):
3        if (r<0 or h<0):
4            raise ValueError("圆柱体的半径和高必须大于 0")
5        else:
6            return math.pi*r*r*h
7
8    r = 4.2;h = 4;
9
10   v = getCylinderVolumn(r,h);
11   print("圆柱体的体积是{:.3f}".format(v))
12   v = getCylinderVolumn(r,-3);
13   print("圆柱体的体积是{:.3f}".format(v))
```

程序运行结果如下。

```
>>>
圆柱体的体积是 221.671
Traceback (most recent call last):
  File "D:\python310\10\code1009.py", line 12, in <module>
    v = getCylinderVolumn(r,-3);
  File "D:\python310\10\code1009.py", line 4, in getCylinderVolumn
    raise ValueError("圆柱体的半径和高必须大于 0")
ValueError: 圆柱体的半径和高必须大于 0
```

例 10-9 实现的仅是抛出异常，并没有捕获异常。如果需要捕获异常，可以修改代码，具体如下。

```
try:
    v = getCylinderVolumn(r,h);
    print("圆柱体的体积是{:.3f}".format(v))
    v = getCylinderVolumn(r,-3);
    print("圆柱体的体积是{:.3f}".format(v))
except Exception as result:
    print("程序异常",result)
```

10.3.3　任务的实现

本小节任务是模拟实现支付功能，当支付额度大于 5000 时，抛出 ValueError 异常；当支付额度小于 5000 时，按照额度的 10%扣税，要点如下。

（1）设计函数并使用 raise 语句抛出异常。

（2）在程序中捕获异常并定义异常对象 description，用于报告异常信息。

（3）异常类型可以是 ValueError 类型，也可以是 Exception 类型。

模拟实现支付功能的异常处理见例 10-10。

例 10-10　模拟实现支付功能的异常处理

```
1   def payOut(quota):
2       if (quota>5000):
3           raise ValueError("The quota out of bounds!")
4       else:
5           return quota-quota*0.1
6
7   try:
8       pay=payOut(4000)
9       print("实际支出金额是：",pay)
10      pay=payOut(5200)
11      print("实际支出金额是：",pay)
12  except Exception as description:
13      print("支出额度不符合要求", description)
```

课堂练习

阅读如下代码，分析程序的运行结果。

```
def throwit():
    raise RuntimeError
try :
    print("Hello world ")
    throwit()
    print("Done with try block ")
except:
    print("RuntimeError ")
finally:
    print("Finally executing ")
```

任务 10.4　断言与上下文管理

【任务描述】

断言与上下文管理是两种特殊的异常处理方法，在形式上比异常处理结构简单，能够满足简单的异常处理和条件确认，并且可以和标准的异常处理结构结合使用。

本节任务是应用上下文管理语句 with 打开文件，然后复制并显示文件。

10.4.1　断言

assert 语句又称**断言语句**，是用户期望满足指定的条件。当用户定义的约束条件不满足的时候，assert 语句会触发 AssertionError 异常，所以 assert 语句可以当作条件式的 raise 语句。assert 语句的格式如下。

```
assert<boolCondition>,[description]
```

在上述格式中，boolCondition 是一个逻辑表达式，相当于条件。description 是可选的，通常是一个字符串。当 boolCondition 的结果为 False 时，description 作为异常的描述信息使用。下面是一个简单的断言示例。

```
>>> flag=True
>>> assert flag==False,"flag 初始值错误"
```

在上述代码中，定义了变量 flag 的值为 True，然后使用 assert 断言 flag 的值等于 False，断言错误，所以程序的运行结果如下。

```
>>>
Traceback (most recent call last):
  File "<pyshell#75>", line 1, in <module>
    assert flag==False,"flag 初始值错误"
AssertionError: flag 初始值错误
```

assert 语句主要用于收集用户定义的约束条件，并不是捕获内在的程序设计错误。Python会自行收集程序的设计错误，并在遇见错误时自动引发异常。

为了让读者更好地理解断言，下面通过例 10-11 来讲解 assert 语句的应用。

例 10-11　assert 语句的应用

```
1    '''输入两个数，计算两数之间的所有质数'''
2    try:
3        x = int(input("请输入第 1 个数:"))
4        y = int(input("请输入第 2 个数:"))
5        assert x>2 and y>2,"x 和 y 必须为大于 2 的正整数"
6        if x>y:
7            x,y=y,x
8        num=[]
9        i=x
10       for i in range(x,y+1):
```

```
11          for j in range(2,i):
12              if i%j==0:
13                  break
14          else:
15              num.append(i)
16      print("{}和{}之间的质数为{}".format(x,y,num))
17  except Exception as result:
18      print("异常信息: ",result)
```

例 10-11 通过 try…except 语句处理异常，具体步骤如下。

- 第 3 行和第 4 行从键盘获取了 int 类型的两个数值 x 和 y。
- 第 5 行通过断言语句限定 x 和 y 的值必须都大于 2。
- 第 6 行和第 7 行比较 x、y 的值，如果 x 比 y 的值大，就互换 x 和 y 的值。
- 第 10 行，外循环遍历每一个数。
- 第 11 行至第 15 行，内循环判断每一个数是否是质数，如果是，添加到列表 num 中。
- 第 17 行和第 18 行在 except 语句中使用 Exception 捕获所有的异常，并获取异常对应的描述信息。

运行程序，在控制台输入的第 1 个数为 5，第 2 个数为 23，具体结果如下。

```
>>>
请输入第 1 个数:5
请输入第 2 个数:23
5 和 23 之间的质数为[5, 7, 11, 13, 17, 19, 23]
```

在控制台再次输入，第 1 个数为-6，第 2 个数为 9，运行结果如下。

```
>>>
请输入第 1 个数:-6
请输入第 2 个数:9
异常信息:   x 和 y 必须为大于 2 的正整数
```

10.4.2　上下文管理

使用上下文管理语句 with 可以自动管理资源，代码块执行完毕后，自动还原进入该代码块之前的现场或上下文。不论程序因何种原因跳出 with 块，也不论程序是否发生异常，with 语句总能保证资源被正确释放，简化了程序员的工作。with 语句多用于打开文件、连接网络、连接数据库等场景。

with 语句的语法格式如下，其中，expression 是一个表达式，expression 的返回值传递给变量 variable。

```
with expression [as variable]:
    语句块
```

例如，下面的代码在文件操作时使用 with 上下文管理语句。

```
fname = "D:\\python310\\aaaa.txt"
with open(fname) as file:
    for line in file:
        print(line, end = "")
```

上述代码使用 with 语句打开文件，如果文件存在并且可以打开，则将文件对象赋值给 file，然后遍历这个文件。文件操作结束后，with 语句会关闭文件。即使代码在运行过程中产生了异常，with 语句也会关闭文件。

10.4.3　任务的实现

本小节任务是应用上下文管理语句 with 打开文件，显示并复制文件，要点如下。

（1）定义变量 source 和 target 分别指向源文件和目标文件的路径和文件名。

（2）使用上下文管理语句 with 同时打开源文件和目标文件。

（3）遍历源文件，逐行输出并写入目标文件。

应用 with 语句打开并复制文件见例 10-12。

例 10-12　应用 with 语句打开并复制文件

```
1    source="D:\\python310\\10\\code1001.py"
2    target=r"D:\python310\10\backup.txt"
3    with open(source) as file1,open(target,"w") as file2:
4        for line in file1:
5            print(line,end="")
6            file2.write(line)
7    print("复制成功")
```

实　训

实训 1　模拟竞赛现场成绩计算的过程

【训练要点】

（1）使用 try…except 结构捕获和处理异常。

（2）应用 assert 语句触发异常。

【需求说明】

（1）模拟竞赛现场成绩计算的过程，要求输入大于等于 5 的整数作为评委人数。

（2）依次输入每个评委的打分，要求分值介于 5～10。

（3）输入评委分值后，去掉一个最高分，去掉一个最低分，剩余分数的平均分作为该选手的最终得分。

【实现要点】

（1）使用 assert 语句对输入的数据进行异常捕获，如果引发异常，则输出 assert 语句中的提示信息。或者不在 assert 语句中给出提示信息，在 except 语句块中直接输出提示信息。

（2）评委数据保存在列表 scores 中，使用 remove()方法去掉一个最高分和一个最低分，最后输出选手的最终得分。

【代码实现】

```
1    # 输入评委人数, 并进行异常处理
2    while True:
3        try:
4            n = int(input("请输入评委人数: "))
5            assert n >= 5, "必须不少于 5 个评委"
6            break
7        except Exception as result:
8            print("异常信息: ", result)
9    # 用来保存所有分值
10   scores = []
11   for i in range(n):
12       while True:
13           # 对输入分值进行异常处理
14           try:
15               score = float(input('请输入分值:'))
16               assert 5 <= score <= 10
17               scores.append(score)
18               break
19           except:
20               print("异常信息: 分值介于 5~10")
21   # print(scores)
22   # 去掉一个最高分, 去掉一个最低分
23   scores.remove(max(scores))
24   scores.remove(min(scores))
25
26   # 最终得分
27   print("选手最终得分是{:.2f}".format(sum(scores)/len(scores)))
```

实训 2　数值输入的异常处理并计算中位数

【训练要点】

（1）掌握异常处理在数值数据输入中的应用。

（2）中位数的计算方法。

【需求说明】

（1）获取输入数值数据。

程序经常会要求用户输入整数, 但用户未必一定输入整数。为了保证输入数据的准确性, 定义函数将输入数据进行如下处理: 如果用户输入的是整数, 则直接保存在列表中; 如果用户输入的不是整数, 则要求用户重新输入, 直至用户输入整数为止。

（2）计算并输出列表中数据的中位数。

【实现要点】

（1）在 getIntInput() 函数中应用 try…except 的异常处理方法。try 语句块对输入的非数值数据调用 int() 函数可能会产生 "ValueError" 异常, 使用 except 语句对异常进行捕获和处理。

（2）except 语句块调用了 getIntInput()函数本身，实现用户重新输入，这里采用了函数嵌套调用的方法。

（3）输入-9999，结束输入。

（4）计算中位数的算法。给定列表 lst，长度为 size，中位数是位于中间位置的数。如果 size 是奇数，则中位数是最中间位置的数，表示为 lst[size//2]；如果 size 是偶数，则中位数是中间位置的两个数的平均值，表示为(lst[size//2-1]+lst[size//2])/2。

【代码实现】

```
1   def getIntInput():
2     try:
3         txt = input("请输入整数：")
4         while eval(txt) != int(txt):
5             txt = input("请输入整数：")
6     except:
7         return getIntInput()
8     return eval(txt)
9   def getMedian(lst):
10    sorted(lst)
11    size=len(lst)
12    if size%2 == 0:
13        m = (lst[size//2-1]+lst[size//2])/2
14    else:
15        m = lst[size//2]
16    return m
17  # 主程序
18  lst=[]
19  print("请输入若干个数据，-9999 退出程序")
20  int_num = getIntInput()
21  while int_num != -9999:
22    lst.append(int_num)
23    int_num = getIntInput()
24
25  print("生成的列表是：{}".format(lst))
26  print("中位数是：{}".format(getMedian(lst)))
```

小　　结

本章介绍了异常的概念、Python 中常见的异常类型、Python 的异常处理方法等内容。

异常就是程序在运行过程中发生的，硬件故障、软件设计错误、运行环境不满足等导致的程序错误事件。Python 中所有的异常类型都是 Exception 的子类。

Python 常用的内置异常类型包括 NameError、ZeroDivisionError、IndexError、KeyError、SyntaxError、FileNotFoundError 等。

Python 通过 try…except…else…finally 语句处理异常，帮助用户准确定位异常发生的位置和原因。通过在 except 语句中不指明异常类型来处理任何类型的异常。为了能区分来自不同语句的异常，在 except 语句后使用 Exception 类型，并定义一个 Exception 的对象用于接收异常处理对象，从而输出异常信息。

Python 使用 raise 语句主动抛出异常，抛出异常主要的应用场景是用户自定义异常。assert 语句又称断言语句，用于处理在形式上比较简单的异常。使用上下文管理语句 with 可以自动管理资源，多用于打开文件、连接网络、连接数据库等场景。

课后习题

1. 简答题

（1）什么是异常？简述 Python 的异常处理方法。

（2）除书中列出的几种常见异常类型外，查阅 Python 文档，请列举 3 种其他的异常类型。

（3）异常处理结构中的 else 语句有什么作用？

（4）使用哪个 Python 语句可以显式地抛出异常？

（5）断言语句的格式是：assert<boolCondition>,[description]，当 boolCondition 的值为 True 时，将触发异常。这种说法正确吗？

2. 选择题

（1）下列关于异常处理的描述中，**不正确**的是哪一项？（　　）

A．异常由用户程序或者 Python 解释器进行处理

B．使用 try…except 语句捕获异常

C．使用 raise 语句抛出异常

D．捕获到的异常在当前方法中处理，而不适合在其他方法中处理

（2）下列关于 try…except…finally 语句的描述中，正确的是哪一项？（　　）

A．try 语句后面的语句块将给出处理异常的语句

B．except 语句在 try 语句的后面，该语句可以不接异常名称

C．except 语句后的异常名称与异常类型的含义是相同的

D．如果抛出异常，finally 语句后面的语句块不一定总是被执行

（3）Python 程序中，假设字典 d={'1':'male','2':'female'}，如果语句中使用 d[3]，则解释器将抛出哪类异常？（　　）

A．NameError　　　　　B．IndexError　　　C．SyntaxError　　　　D．KeyError

（4）下列选项中，**不**在运行时发生的异常是哪一项？（　　）

A．ZerodivisionError　　　　　　　B．NameError

C．SyntaxError　　　　　　　　　　D．KeyError

（5）当 try 语句块中没有任何错误信息时，一定**不会**执行的语句是哪一项？（　　）

A．try　　　　　　　　B．else　　　　　C．finally　　　　　　D．except

（6）如果 Python 程序试图打开不存在的文件，解释器将在运行时抛出哪类异常？（　　）

A．NameError　　　　　　　　　　　B．FileNotFoundError

C．SyntaxError　　　　　　　　　　D．ZeroDivisionError

（7）Python 程序中，假设有表达式 123＋xyz，则解释器将抛出哪类异常？（　　　）

A．NameError

B．FileNotFoundError

C．SyntaxError

D．TypeError

（8）Python 程序中，假设列表 s=[1,23,2]，如果语句中使用 s[3]，则解释器将抛出哪类异常？（　　　）

A．NameError　　　　B．IndexError　　　C．SyntaxError　　　D．ZeroDivisionError

3．阅读程序

（1）以下代码的运行结果是什么？

```
def problem():
    raise NameError

def method1():
    try:
        print("a")
        problem()
    except NameError:
        print("b")
    except Exception:
        print("c")
    finally:
        print("d")
    print("e")

method1()
```

（2）以下代码的运行结果是什么？

```
def myException():
    try:
        xx = 1.2e3
        print(xx)
        print(xx/0)
    except NameError as e1:
        print(e1)
    except KeyError as  e2:
        print("KeyError",e2)
    except ArithmeticError as e3:
        print("ArithmeticError",e3)
myException()
```

4．编程题

（1）捕获索引超出范围的异常（异常类型为 IndexError）。产生异常的代码如下。

```
chars = ['a','b',100,-37,2]
chars[5] = 'k'        # 产生 IndexError 异常
```

（2）从键盘输入一个整数，求 100 除以它的商并输出。要求对从键盘输入的数据进行异常捕获并处理。

第 11 章　Python 的数据库编程

文件用于存储和处理非结构化数据，如果要提高数据处理效率，处理存在一定结构的数据，就需要使用数据库。数据库是数据的集合，它以文件的形式存在。数据库的存储和访问属于数据库技术。数据库技术、网络技术、多媒体技术、人工智能技术都是计算机应用领域的主流技术。

Python 通过 ODBC、OLEDB 等数据库访问接口支持 Sybase、SAP、Oracle、SQL Server 等多种数据库。本章介绍数据库的概念，SQL 的使用以及 Python 自带的关系型数据库 SQLite 的应用。

✧ 学习目标

（1）了解数据库基础知识。
（2）掌握 SQL 的应用。
（3）了解 SQLite 数据库的操作。
（4）掌握 SQLite 数据库连接及增、删、改、查的方法。

✧ 知识结构

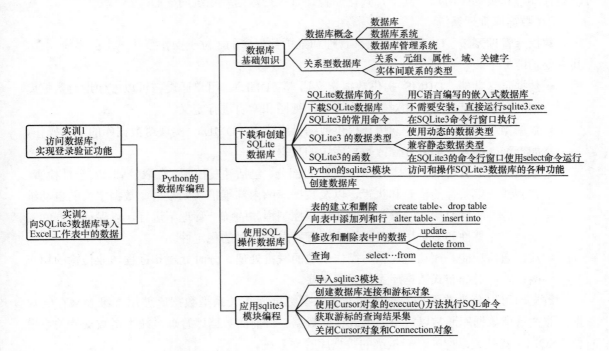

任务 11.1 了解数据库基础知识

【任务描述】

数据库可以分为关系型数据库和非关系型数据库，SQLite 是一种关系型数据库。

本节任务是了解数据库系统和数据库管理系统，掌握关系型数据库的基本概念。

11.1.1 数据库的概念

数据库（DB）将大量数据按照一定的方式组织并存储起来，是相互关联的数据的集合。数据库中的数据不仅包括描述事物的数据本身，还包括数据之间的联系。数据库具有以下特点。

- 以一定的方式组织、存储数据。
- 能被多个用户共享。
- 具有尽可能少的冗余数据。
- 是与程序彼此独立的数据集合。

相对文件而言，数据库为用户提供安全、高效、快速检索和修改的数据集合。同时，数据库文件独立于用户的应用程序，可以被多个应用程序所使用，能够更好地实现数据共享。

1. 数据库系统

数据库系统是基于数据库的计算机应用系统，主要包括数据库、数据库管理系统、相关软硬件环境和数据库用户。其中，数据库管理系统是数据库系统的核心。

2. 数据库管理系统

数据库管理系统（DBMS）是用来管理和维护数据库的、位于操作系统之上的系统软件，其主要功能如下。

- 数据定义功能。DBMS 提供数据定义语言（DDL），用户通过它可以方便地对数据库中的对象进行定义，如对数据库、表、视图和索引进行定义。
- 数据操纵功能。DBMS 向用户提供数据操纵语言（DML），实现对数据库的基本操作，如查询、插入、删除和修改数据库中的数据。
- 数据库的运行管理。这是 DBMS 的核心部分，包括并发控制、存取控制，安全性检查、完整性约束条件的检查和执行，以及数据库的内部维护（如索引、数据字典的自动维护）等。所有数据库的操作都要在这些控制程序的统一管理下进行，以保证数据的安全性、完整性和多个用户对数据库进行并发操作时的稳定性。
- 数据通信功能。该功能包括与操作系统的联机处理、分时处理和远程作业传输的相应接口等，对分布式数据库系统尤为重要。

数据库可以分为关系型数据库和非关系型数据库。关系型数据库使用二维表来存储数据，非关系型数据库通常以对象的形式存储数据。目前的数据库管理系统大多数支持关系模型，SQLite 就是关系型的、轻量级的数据库管理系统。

11.1.2　关系型数据库

关系型数据库是目前的主流数据库。通常，一个关系型数据库可包含多个表，例如，一个雇员管理数据库可以包含雇员表、订单表、工资表等多个表。每个表由若干行和列组成。表 11-1 所示为数据库中的雇员表。

表 11-1　雇员表

雇员编号	雇员姓名	性别	职务	工资	部门编号
001	张军	男	部门经理	9980	11
004	赵致远	男	职员	7800	11
007	樊华	女	经理	13320	13

通过在表之间建立关系，可以将不同表中的数据联系起来，实现更强大的数据管理功能。下面介绍关系型数据库中的基本概念和关系间的联系类型。

1. 关系型数据库的基本概念

- 关系。一个关系就是一张二维表，通常将一个没有重复行、重复列的二维表看成一个**关系**，每个关系都有一个关系名，也就是表名。
- 元组。二维表的水平方向的行在关系中称为**元组**。每个元组均对应表中的一条记录。
- 属性。二维表的垂直方向的列在关系中称为**属性**，每个属性都有一个属性名，属性值则是各个元组属性的取值。属性名也称为字段名，属性值也称为字段值。
- 域。属性的取值范围称为**域**。域作为属性值的集合，其类型与范围由属性的性质及其所表示的意义来确定。同一属性只能在相同域中进行取值。
- 关键字。其值能唯一地标识一个元组的属性或属性的组合称为**关键字**。关键字可表示为属性或属性的组合，例如，雇员表的雇员编号字段可以作为标识一条记录的关键字。

2. 实体间联系的类型

实体是指客观世界的事物，实体的集合构成实体集，在关系型数据库中可用二维表来描述实体。

实体之间的对应关系称为实体间联系，具体指一个实体集中可能出现的每一个实体与另一个实体集中多少个具体实体之间存在联系，它反映了现实世界事物之间的联系。实体之间有各种各样的联系，归纳起来有以下 3 种类型。

- 一对一联系（1:1）。如果对于实体集 A 中的每一个实体，实体集 B 中有且只有一个实体与之联系，反之亦然，则称实体集 A 与实体集 B 具有一对一联系。例如，一所学校只有一个校长，一个校长只在一所学校任职，校长与学校之间存在一对一的联系。
- 一对多联系（1:n）。如果对于实体集 A 中的每一个实体，实体集 B 中有多个实体与之联系，反之，对于实体集 B 中的每一个实体，实体集 A 中至多只有一个实体与之联系，则称实体集 A 与实体集 B 有一对多的联系。例如，一所学校有许多学生，但一个学生只能就读于一所学校，所以学校和学生之间存在着一对多的联系。
- 多对多联系（$m:n$）。如果对于实体集 A 中的每一个实体，实体集 B 中有多个实体与之联系，而对于实体集 B 中的每一个实体，实体集 A 中也有多个实体与之联系，则称实体集 A 与实体集 B 之间存在多对多的联系。例如，一个学生可以选修多门课程，一门课程也可以被多个学生选修，所以学生和课程之间存在着多对多的联系。

对应于实体间联系模型，数据库中包含若干个表，这些表的记录之间也存在着一对一联系、一对多联系和多对多联系。

任务 11.2   下载和创建 SQLite 数据库

【任务描述】

SQLite 是一个开源的关系型数据库，在 Python 程序中可以方便地访问 SQLite 数据库。

本节任务是下载并启动 SQLite 数据库，在命令行窗口运行 SQLite 的常用命令，使用 SQLite 的常用函数，并创建 SQLite 数据库。

11.2.1   SQLite 数据库简介

SQLite 是用 C 语言编写的嵌入式数据库，它的体积很小，经常被集成到各个应用程序中，可在 UNIX、Android、iOS 和 Windows 等操作系统中运行。

SQLite 本质上是一套对数据库文件读/写的接口，不需要一个单独的服务器进程或操作系统（无服务器的），也不需要配置。SQLite 提供了简单和易于使用的 API，支持 SQL 92 标准的大多数查询语言的功能，但不具备数据库的权限管理功能。

11.2.2   下载 SQLite 数据库

SQLite 是开源的数据库，读者可以在其官网免费下载（因软件版本更新的原因，读者下载的版本可能与本书略有区别）。

在图 11-1 所示的 SQLite 下载界面中找到 "Precompiled Binaries for Windows" 栏目，该栏目下列出了 Windows 操作系统的预编译二进制文件包，文件格式为 sqlite-tools-win32-x86-3230100.zip。解压文件包后可得到 sqlite3.exe 文件，该文件是数据库启动文件。SQLite3 是 SQLite 的第 3 个版本，本小节主要介绍 SQLite3 数据库，语言描述上不严格区分 SQLite 和 SQLite3。

图 11-1   SQLite 下载界面

SQLite3 数据库不需要安装，直接运行 sqlite3.exe，即可打开 SQLite3 数据库的命令行窗口。在此窗口中可以建立和管理 SQLite3 数据库，建立表和查询等。按 Ctrl＋Z 组合键，然后按回车键，可以退出命令行窗口。

11.2.3　SQLite3 的常用命令

SQLite3 的命令可以分为两类：一类是 SQLite3 交互模式常用的命令，另一类是操作数据库的 SQL 命令。SQL 命令将在下一节中介绍，下面重点介绍 SQLite3 交互模式常用的命令。

在 SQLite3 命令行窗口中的命令提示符后输入 .help 命令，将列出交互命令的提示信息，可供用户查阅。图 11-2 显示了 SQLite3 窗口中部分命令的运行结果。

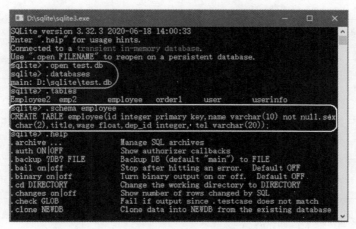

图 11-2　SQLite3 窗口中部分命令的运行结果

SQLite3 常用的交互命令见表 11-2。

表 11-2　SQLite3 常用的交互命令

交互命令	功能
sqlite3.exe [dbname]	启动 SQLite3 的交互模式，并创建 dbname 数据库
.open dbname	当数据库存在时打开数据库。如果数据库不存在，则创建数据库
.databases	显示当前打开的数据库文件
.tables	查看当前数据库中的所有表
.schema [tbname]	查看表结构信息
.exit	退出交互模式
.help	列出命令的提示信息

11.2.4　SQLite3 的数据类型

SQLite3 数据库由一个或多个表组成，表中的数据分为整数、小数、字符、日期、时间等类型。SQLite3 使用动态的数据类型，数据库管理系统会根据列的值自动判断列的数据类型。这与多数 SQL 数据库管理系统使用静态数据类型是不同的。静态数据类型取决于它的存储单元（列）的类型。

SQLite3 的动态数据类型能够兼容其他数据库普遍使用的静态类型，也就是说，使用静态数据类型的数据库上的数据表，在 SQLite3 上也能被使用。

SQLite3 使用弱数据类型，除了被声明为主键的 integer 类型的列外，允许保存任何类型的数据到表的任何列中。事实上，SQLite3 的表中的列不指定类型是完全有效的。表 11-3 列出了 SQLite3 常用的数据类型。

表 11-3　SQLite3 常用的数据类型

类型	说明
smallint	16 位整数
integer	32 位整数
decimal(p,s)	小数。p 是数字的位数，s 是小数位数
float	32 位浮点数
double	64 位浮点数
char(n)	固定长度的字符串，n 不能大于 254
varchar(n)	不固定长度的字符串，n 不能大于 4000
graphic(n)	和 char(n) 一样，以双字节为单位。n 不能大于 127
vargraphic(n)	长度可变且最大长度不能大于 4000 的双字节字符串
date	日期，包含年、月、日
time	时间，包含时、分、秒
datetime	日期和时间

11.2.5　SQLite3 的函数

SQLite3 数据库提供了算术、字符串、日期/时间等函数，方便用户处理数据库中的数据，这些函数需要在 SQLite3 的命令行窗口使用 select 命令运行。常见的 SQLite3 函数见表 11-4。

表 11-4　常见的 SQLite3 函数

SQLite3 的算术函数	
abs(x)	返回绝对值
max(x,y,…)	返回最大值
min(x,y,…)	返回最小值
random(*)	返回随机数
round(x[,y])	四舍五入
SQLite3 的字符串函数	
length(x)	返回字符串中字符的个数
lower(x)	大写转小写
upper(x)	小写转大写
substr(x,y,Z)	截取子串
like(A,B)	确定给定的字符串与指定的模式是否匹配

续表

SQLite3 的日期/时间函数	
date()	产生日期
datetime()	产生日期和时间
time()	产生时间
strftime()	把 YYYY-MM-DD HH:MM:SS 格式的日期字符串转换成其他形式的字符串

部分 SQLite3 函数的运行结果如图 11-3 所示。

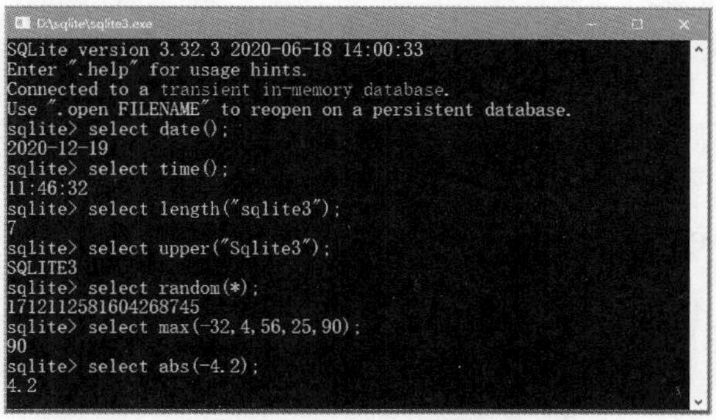

图 11-3　部分 SQLite3 函数的运行结果

11.2.6　Python 的 sqlite3 模块

Python 通过内置的 sqlite3 模块可以直接访问数据库，该模块提供了访问和操作 SQLite3 数据库的各种功能。下面列出了 sqlite3 模块中的部分常量、函数或对象。这些对象可以在 Python 环境（IDLE 环境）中通过 dir 命令和 help 命令看到，具体的对象及功能描述请查阅 Python 文档。

图 11-4 所示的是使用 dir 命令和 help 命令列出 sqlite3 模块中的常量、函数和对象等。

图 11-4　sqlite3 模块中的常量、函数和对象等

下面是一些常见的对象。

- sqlite3.version：常量，返回 sqlite3 模块的版本号。
- sqlite3.sqlite_version：常量，返回数据库的版本号。
- sqlite3.Connection：数据库连接对象。
- sqlite3.Cursor：游标对象。
- sqlite3.Row：行对象。
- sqlite3.connect(dbname)：函数，连接数据库，返回 Connection 对象。

Python 的 sqlite3 模块在一定程度上遵守 Python DB-API 规范。Python DB-API 是为不同的数据库提供的访问接口规范，它定义了一系列必需的对象和数据库存取方式，以便为各种底层数据库系统和多样的数据库接口程序提供一致的访问接口，使在不同的数据库之间移植代码成为可能。强大的数据库支持使 Python 的功能更加强大。

11.2.7　创建 SQLite3 数据库

运行 SQLite3 数据库的同时，可以通过参数创建数据库，具体方法如下。

```
sqlite3 dbname
```

SQLite3 数据库文件的扩展名通常为.db。如果指定的数据库文件存在，则打开该数据库；否则创建该数据库。

11.2.8　任务的实现

本小节任务是下载并启动 SQLite 数据库，在命令行窗口运行 SQLite3 的常用命令，使用 SQLite3 的常用函数，并创建 SQLite 数据库。要点如下。

（1）在 SQLite 官网下载界面中找到 "Precompiled Binaries for Windows" 栏目，找到 Windows 操作系统的预编译二进制文件包，解压文件包后可得到 sqlite3.exe 文件，双击运行 sqlite3.exe 即可打开 SQLite3 数据库的命令行窗口。

（2）在 SQLite3 命令行窗口中执行.open dbname、.databases、.tables、.schema 等命令。

（3）在 SQLite3 的命令行窗口中使用 select 命令运行 abs(x)、max(x,y,…)、min(x,y,…)、length(x)、lower(x)、upper(x)等函数。

课堂练习

（1）在 SQLite3 的命令行窗口中，创建 mydata.db 数据库；查看当前打开的数据库文件；查看当前数据库下的所有表。

（2）在 SQLite3 的命令行窗口中，使用 select 命令和 SQLite3 的函数查看当前的日期和日期时间。

任务 11.3　使用 SQL 操作数据库

【任务描述】

SQL 是通用的关系型数据库操作语言。SQL 既可用于大型数据库系统，也可用于小型数据库系统，它可以实现数据定义、数据操纵和数据控制等功能。

本节要求基于 test.db 数据库和 employee 表，执行下列 SQL 命令。

（1）使用 insert into 命令向表中任意插入两条记录。

（2）使用 delete from 命令删除 emp_id 为 1443 的雇员记录。

（3）使用 update 命令将职务为部门经理的雇员工资增加 10%。

（4）查询工资大于 7000 元的部门经理的信息。

（5）查询不同性别的雇员人数。

（6）查询工资在 7000 元以上的雇员信息，并将查询的结果按工资降序排列。

11.3.1　数据表的建立和删除

表是数据库应用中的重要概念，数据库中的数据主要由表保存，数据库的主要作用是组织和管理表。本小节首先介绍用 SQL 语句创建表和删除表，然后讲解表的插入、修改、删除、查询等命令。employee 表的结构见表 11-5，该表的结构和数据将在后面的示例中应用，请读者注意。

表 11-5　employee 表的结构

列名	具体说明	数据类型
emp_id	雇员编号	integer
emp_name	雇员姓名	varchar(20)
sex	性别	char(2)
title	职务	varchar(20)
wage	工资	float
dep_id	部门编号	integer

1. 创建表

表的每一行是一条记录，每一列是表的一个字段，也就是一项内容。列决定了表的结构，行则是表中的数据。不可以重复表中的列名，但可以为表中的列指定数据类型。SQL 使用 create table 语句创建表，其语法格式如下。

```
create table <表名>(
    列名 1    数据类型和长度 1 列属性 1,
    列名 2    数据类型和长度 2 列属性 2,
    …
    列名 n    数据类型和长度 n 列属性 n
```

```
)
```

create table 语句中，部分常用的定义列属性的可选项如下。

- primary key：定义主关键字。定义为主键的列可以唯一标识表中的每条记录。
- NOT NULL：指定此列不允许为空，NULL 表示允许为空，是默认设置。
- default：指定此列的默认值。例如，指定 sex 列的默认值为"男"可以使用 default('男')。当向表中插入数据时，此列如果不指定值，则采用默认值。

2．删除表

drop table 语句用于删除表（表的结构和内容），其语法格式如下。

```
drop table <表名>
```

创建和删除表见例 11-1。

例 11-1　创建和删除表

```
/*使用 create table 语句创建 employee 表*/
create table employee (
    emp_id integer primary key,
    emp_name varchar(20) NOT NULL,
    sex char(2) default('男'),
    title varchar(20),
    wage float,
    dep_id integer
);
/*查看 employee 表的结构*/
select * from sqlite_master where type="table"and name="employee";

/*删除 employee 表*/
drop table employee;
```

例 11-1 在 SQLite 的命令行窗口执行。需要注意的是，所有的 SQL 命令以分号（;）结束，代码中的/*……*/是 SQLite 的注释。

也可以执行下面的语句查看 employee 表的结构，这个语句不是 SQL 命令，不需要加分号结束。

```
.schema employee
```

11.3.2　向表中添加列和行

1．向表中添加列

使用 alter table 语句可向表中添加列，其语法格式如下。

```
alter table <表名> add column<字段名>[<类型>]
```

这个命令实际上是改变表的结构的。

2．向表中添加行

使用 insert into 语句向表中添加行，也就是向表中插入数据，其语法格式如下。

```
insert into <表名>[<字段名表>] values (<表达式表>)
```

该语句可在指定的表尾部添加一条新记录，其值为 values 后面表达式的值。当向表中所有字段插入数据时，表名后面的[字段名表]可以省略，但插入数据的格式及顺序应与表的结构（列顺序）一致；如果只插入表中部分字段的数据，应列出插入数据的字段名（多个字段名之间用英文逗号分隔），且相应表达式的数据类型应与字段顺序对应。

向表中添加列和行见例 11-2。

例 11-2　向表中添加列和行

```
/* employee 表增加 tele 列，数据类型为 varchar，长度为 50 */
alter table employee add column tele varchar(50);
/* 表中插入 3 行数据 */
insert into employee(emp_id,emp_name,sex,title,wage,dep_id) values(1132,'李四','男',
'部门经理',7548.6,11);
insert into employee (emp_id,emp_name,sex,title,wage,dep_id) values (1443,'王五', '男',
'职员',6656,14);
insert into employee (emp_id,emp_name,sex,title,wage,dep_id) values (1036,'高七','女',
'经理',7600,10);
```

11.3.3　修改和删除表中的数据

1. 修改表中的数据

update 语句用于修改表中的数据，其语法格式如下。

```
update <表名> set <字段名1>=<表达式1> [,<字段名2>=<表达式2>…][where<条件表达式>]
```

该语句的功能是更新表中满足条件的记录，一次可以更新多个字段值。如果省略 where 选项，则更新全部记录。

这里的条件表达式是一个逻辑表达式，通常需要用到关系运算符和逻辑运算符，返回 True 或者 False。SQLite3 常用的关系运算符包括==（=）、!=、>=、<=、>、<等，这些运算符与 Python 的关系运算符的功能基本相同，只是在 SQL 中，==和=都可以用于相等判断。

2. 删除表中的数据

使用 delete from 语句可以删除表中的数据，其语法格式如下。

```
delete from <表名> [where <条件表达式>]
```

from 指定从哪个表中删除数据，where 指定被删除的记录所满足的条件，如果省略 where 选项，则删除该表中的全部记录。

修改和删除表中的数据见例 11-3。

例 11-3　修改和删除表中的数据

```
/* employee 表中，李四的工资改为 7550 元 */
update employee set wage=7550 where emp_name="李四"
/* 将李四的工资增加 550 元*/
update employee set wage=wage+550 where emp_name="李四"
/* 删除 employee 表中性别为"女"的记录 */
delete from employee where sex='女'
```

11.3.4　查询数据

SQL 的核心功能是查询。查询时将查询的表、查询的字段、筛选记录的条件、记录分组的依据、排序的方式等写在一条 SQL 语句中，就可以完成指定的工作。

SQL 语句查询使用的是 select 命令，基本形式是由 select…from…where 这 3 部分组成，具体的命令格式如下。

```
select <字段名表>|* from <表名> [where <条件表达式>][group by <分组字段名>[having <条件
表达式>]][order by <排序选项>[asc|desc]]
```

各个选项功能如下。
- select 是命令动词，指明要查询的字段名，如果是*，表示查询表中所有字段。
- from 用于说明查询的数据来源。
- where 是可选项，说明查询的筛选条件。多个条件之间用逻辑运算符 and、or、not 连接。
- group by 是可选项，用于将查询结果按分组字段名分组。having 选项必须跟随 group by 使用，用来限定分组必须满足的条件。
- order by 是可选项，用于对查询结果进行排序。

查询表中数据见例 11-4。

例 11-4　查询表中数据

```
/* 查询工资高于 6000 元的雇员的编号和姓名 */
select emp_id,emp_name from employee where wage>6000
/* 查询性别为"男"，并且工资高于 5500 元的雇员信息 */
select * from employee where sex="男" and wage>5500
/* 查询表中不同性别的职工的平均工资 */
select sex,avg(wage) as 平均工资 from employee group by sex
/* 按部门编号升序查询 employee 表中的全部信息 */
select * from employee order by dep_id
```

在例 11-4 中，用 where 选项指定查询条件，查询条件可以是任意复杂的条件表达式。SQL 中使用 group by 选项对查询结果进行分组，having 选项限定分组的条件。在分组查询中，可以使用 where 选项先进行数据筛选。使用 order by 选项完成排序，asc 表示升序，desc 表示降序（默认按升序排列）。

11.3.5　任务的实现

本小节任务是基于 test.db 数据库和 employee 表执行 SQL 命令，要点如下。

（1）SQL 命令在 SQLite3 的命令行窗口输入，而且需要在 SQL 语句后加英文的分号后按回车键执行；SQL 命令不区分大小写。

（2）启动 SQLite 命令行窗口，执行 insert into、update from、delete、select 等命令。

使用 SQL 命令实现表中数据的增、删、改、查见例 11-5。

例 11-5　使用 SQL 命令实现表中数据的增、删、改、查

```
/* insert into 命令向表中插入记录 */
insert into employee(emp_id,emp_name,sex,title,wage,dep_id) values(101,'John','男',
'经理',7000,11);
/* delete from 命令删除 emp_id 为 1443 的雇员记录 */
delete from employee where emp_id=1443;
/* update 命令将职务为"部门经理"的雇员增加 10%工资 */
```

```
update employee set wage=wage*1.1 where title="部门经理";
/* 查询工资大于 7000 元的"部门经理"信息 */
select * from employee where wage>7000 and title="部门经理";
/* 查询不同性别的雇员人数 */
select sex,count(*) as 雇员人数  from employee group by sex;
/* 查询工资在 7000 元以上的雇员信息并按工资降序排列 */
select * from employee where wage>7000 order by wage desc;
```

课堂练习

（1）在 SQLite3 命令行窗口中创建数据库 library，并使用 SQL 的 create table 命令创建图书表 books(bookid,bookname,publisher,price)，字段的含义分别是书号、书名、出版社、价格。

（2）向 books 表中插入 3 条记录。

任务 11.4　应用 sqlite3 模块编程

【任务描述】

Python 标准库中的 sqlite3 模块提供了 SQLite3 数据库编程的接口，可以满足小型数据库应用开发的基本需求。

本节任务是应用 sqlite3 模块创建数据库 manage.db，在该数据库中创建表 goods，表包含 id、name、gnumber、price4 列，其中 id 为主键（Primary Key），并在表中插入、更新、删除记录。

11.4.1　访问数据库的过程

Python 的数据库模块有统一的接口标准，所以数据库操作有统一的模式。访问 SQLite3 数据库的主要过程如下。

（1）导入 sqlite3 模块

Python 的标准库中内置 sqlite3 模块，使用 import 命令可以直接导入模块。

```
>>> import sqlite3
```

（2）创建数据库连接

使用 sqlite3 模块的 connect()函数可以建立数据库连接，返回连接对象 sqlite3.Connection。

```
>>> dbstr="D:/sqlite/test.db"
>>> conn=sqlite3.connect(dbstr)   # 连接数据库，返回 sqlite3.Connection 对象
```

上面代码中，dbstr 是连接字符串，指明数据库文件的路径和文件名。不同的数据库连接对象，其连接字符串的格式是不同的，sqlite 的连接字符串为数据库的文件名，如"D:/sqlite/test.db"。如果指定连接字符串为 memory，则可创建一个内存数据库。

在连接数据库的代码中，如果数据库对象 test.db 存在，则打开数据库；否则在该路径下创建 test.db 数据库并打开。

返回的 Connection 对象 conn 可用于创建游标对象，也可以通过 execute()方法实现 SQL

的数据定义或数据操纵功能。

（3）创建游标对象

游标（Cursor）是行的集合，使用游标对象能够灵活地操纵表中检索的数据。游标实际上是一种能从包括多条数据记录的结果集中每次提取一条记录的机制。

调用 conn.cursor()创建游标对象 cur 的代码如下。

```
>>> cur=conn.cursor()
```

（4）使用 Cursor 对象的 execute()方法执行 SQL 语句

Cursor 对象的 execute()、executemany()、executescript()等方法可以用来操作或查询数据库，操作分为以下 4 种类型。

- cur.execute(sql)：执行 SQL 语句。
- cur.execute(sql,parameters)：执行带参数的 SQL 语句。
- cur.executemany(sql, seg_of_ parameters)：根据参数执行多次 SQL 语句。
- cur.executescript(sql_script)：执行 SQL 脚本。

例如，创建一个包含 3 个字段 id、name 和 age 的 emp 表的代码如下。

```
>>> cur.execute("create table emp(id int primarykey,name varchar(12),age integer(2))")
```

向表中插入记录的代码如下。

```
>>> cur.execute("insert into emp values(101,'Jack',23)")
```

在 SQL 语句中可以使用占位符"？"表示参数，传递的参数使用元组。使用参数插入记录的代码如下。

```
>>> cur.execute("insert into emp values(?,?,?)",(201,"Mary",21)
```

（5）获取游标的查询结果集

调用 cur.fetchone()、cur.fetchall()、cur.fetchmany()等方法返回查询结果。

- cur.fetchone()：返回结果集的下一行（Row 对象），无数据时返回 None。
- cur.fetchall()：返回结果集的剩余行（Row 对象列表），无数据时返回空 List。
- cur.fetchmany()：返回结果集的多行（Row 对象列表），无数据时返回空 List。

查询并显示 emp 表中的记录见例 11-6。

例 11-6　查询并显示 emp 表中的记录

```
>>> cur.execute("select * from emp")
# 返回列表中的第一项，再次使用，返回第二项，依次显示
>>> print(cur.fetchone())
(101, 'Jack', 23)
>>> print(cur.fetchone())
(201, 'Mary', 21)
>>> print(cur.fetchone())
None
>>> cur.execute("select * from emp")
>>> print(cur.fetchall())       # 提取查询到的数据
[(101, 'Jack', 23), (201, 'Mary', 21)]
>>>
>>> for row in cur.execute("select * from emp"):     # 直接使用循环输出结果
```

```
...     print(row[0],row[2])
101 23
201 21
>>>
```

（6）数据库的提交和回滚

根据数据库事务隔离级别的不同，可以提交或回滚事务。

- con.commit()：事务提交。
- con.rollback()：事务回滚。

（7）关闭 Cursor 对象和 Connection 对象

最后，需要关闭 Cursor 对象和 Connection 对象。

- cur.close()：关闭 Cursor 对象。
- con.close()：关闭 Connection 对象

11.4.2　任务的实现

本小节任务是使用 sqlite3 模块创建数据库和表，并在表中插入、更新、删除记录，具体如下。

（1）使用 sqlite3 模块创建数据库 manage.db，并在其中创建表 goods，具体见例 11-7。

例 11-7　创建数据库和表

```
>>> import sqlite3                      # 导入 sqlite3 模块
>>> dbstr="D:/sqlite/managedb.db"
>>> con=sqlite3.connect(dbstr)        # 创建 SQLite 数据库，返回 Connection 对象
>>> stmt="create table goods(id int primary key,name,gnumber integer(2),price )"
>>> con.execute(stmt)
```

Connection 对象执行 execute()方法是 Cursor 对象对应方法的快捷方式，系统会创建一个临时 Cursor 对象，然后调用相应的方法并返回 Cursor 对象。

（2）完成插入、更新、删除记录操作。

首先建立数据库连接；然后创建游标对象 cur，使用 cur.execute(sql)方法执行 SQL 的 insert、update、delete 等语句，完成数据库记录的插入、更新、删除操作，并根据返回值判断操作结果；最后完成提交操作并关闭数据库。

记录的插入、更新和删除操作见例 11-8。

例 11-8　记录的插入、更新和删除操作

```
>>> import sqlite3
>>> items=[(6702,'pencil',90,1.2),(3645,'notebook',56,12.4),(5672,'ruler',22,1.6)]
>>> dbstr="D:/sqlite/managedb.db"
>>> con=sqlite3.connect(dbstr)
>>> cur=con.cursor()
# 多种方式插入数据
>>> cur.execute("insert into goods values(1003,'Pen',100,11)") # 插入一行数据
<sqlite3.Cursor object at 0x00550820>
>>> cur.execute("insert into goods values(?,?,?,?)",(2001,"mouse",5,22))
<sqlite3.Cursor object at 0x00550820>
>>> cur.executemany("insert into goods values(?,?,?,?)",items) # 插入多行数据
```

```
<sqlite3.Cursor object at 0x00550820>
# 查询数据
>>> cur.execute("select * from goods")
<sqlite3.Cursor object at 0x00550820>
>>> print(cur.fetchall())
[(1003, 'Pen', 100, 11), (2001, 'mouse', 5, 22), (6702, 'pencil', 90, 1.2),
(3645, 'notebook', 56, 12.4), (5672, 'ruler', 22, 1.6)]
# 遍历查询数据
>>> cur.execute("select * from goods")
<sqlite3.Cursor object at 0x00550820>
>>> for item in cur.fetchall():
...     print(item)
(1003, 'Pen', 100, 11)
(2001, 'mouse', 5, 22)
(6702, 'pencil', 90, 1.2)
(3645, 'notebook', 56, 12.4)
(5672, 'ruler', 22, 1.6)
>>> con.commit()
```

课堂练习

下面程序的功能是连接数据库并输出连接对象，在【代码1】【代码2】处补充合适的内容。

```
import sqlite3
def getCursor():  # 连接数据库
    dbstr="D:/sqlite/test.db"
    con=【代码1】
    cur=【代码2】
    sqlstr="create table if not exists order1(order_id integer primary key,price
float)"
    cur.execute(sqlstr)
    return cur
# 调用函数 getCursor()
print(getCursor)
```

实　　训

实训1　访问数据库，实现登录验证功能

【训练要点】
（1）连接和访问 SQLite3 数据库的方法。
（2）循环和分支结构的应用。

【需求说明】
（1）用户登录信息保存在 SQLite3 数据库 D:/sqlite/test.db 的表 users(username,pwd)中。

（2）输入用户名和密码，如果错误（可以输入 3 次），提示登录失败；如果正确，提示
登录成功。

【实现要点】

（1）定义获取数据库游标的通用函数 getCursor(dbstr)。

（2）创建用户登录验证函数 login(dbstr)，使用 cur.fetchone()方法获取游标的查询结果集，
再使用循环和分支结构判断是否登录成功。

【代码实现】

```
1    import sqlite3
2
3    def getCursor(dbstr):      # 获取数据库的游标
4        conn = sqlite3.connect(dbstr)
5        cur = conn.cursor()
6        return cur
7
8    def login(dbstr):
9        cur = getCursor(dbstr)
10       n=1
11       while n <= 3:
12           flag=True
13           # 获取用户名和密码
14           name = input("Name:")
15           pwd = input("Password:")
16           sqlstr = "select * from user where username = ? and pwd = ?"
17           cur.execute(sqlstr,(name,pwd))
18           if cur.fetchone() != None:  # 如果查找成功
19               break
20           else:
21               print("共可以输入3次，第{}次错误".format(n))
22               flag = False
23               n = n+1
24       if flag == True:
25           print("Congratulation!Login Success")
26       else:
27           print("Sorry!Login Failed")
28
29   if __name__ == "__main__":
30       dbstr = "D:/sqlite/test.db"
31       login(dbstr)
```

实训 2　向 SQLite3 数据库导入 Excel 工作表中的数据

【训练要点】

（1）连接 SQLite3 数据库和操作数据库的方法。

（2）读取 CSV 文件的方法。

【需求说明】

（1）待导入的 Excel 文件 book1.xlsx。

（2）输出导入数据库 test.db 中的表 workers 中的数据。

【实现要点】

（1）向数据库中导入数据。首先将 Excel 文件转换为 CSV 文件，再将 CSV 文件导入 SQLite 数据库。打开文件 book1.xlsx 另存为 book1.csv，如图 11-5 所示。

（2）定义函数 getData(file)读取 CSV 文件，使用 csv 模块的 reader()方法将 CSV 文件保存到列表 lst。

图 11-5　文件 book1.csv

（3）在数据库 test.db 中创建 workers 表，将 lst 中的数据写入 workers 表并输出。

【代码实现】

```
1   import sqlite3
2   import csv
3   def getData(file):        # 读取 CSV 文件
4       datas = csv.reader(file, delimiter = ",")
5       lst = []
6       for x in datas:
7           lst.append(tuple(x))
8       return lst
9   filename = input("请输入 CSV 文件路径和文件名: ")
10  file = open(filename, newline = "")
11  lst = getData(file)
12  # 连接数据库并创建表
13  con = sqlite3.connect("D:/sqlite/testdb")
14  createstr = "create table IF NOT EXISTS workers(id int,姓名 text,性别 text,地区 text,
津贴标准 int)"
15  con.execute(createstr)
16  # 数据写入 workers 表
17  del lst[0]                # 删除 CSV 文件的表头
18  con.executemany("insert into workers values(?,?,?,?,?)",lst)
19  # 输出表中数据
20  cur=con.execute("select * from workers")
21  for x in cur.fetchall():print(x)
22  con.commit()
```

小　结

关系型数据库是目前的主流数据库。关系的含义与二维表是等价的，关系中的元组对应表中的一条记录，关系中的属性对应二维表在垂直方向的列。能唯一标识一个元组的属性或属性的组合称为关键字。实体之间的对应关系称为实体间联系，包括一对一联系（$1:1$）、一对多联系（$1:n$）、多对多联系（$m:n$）3 种。

Python 自带的关系型数据库 SQLite 是一种开源的、嵌入式数据库，该数据库不需要一个单独的服务器进程或操作系统。本章介绍了 SQLite3 交互模式常用的命令，SQLite3 数据库使用动态数据类型，数据库管理系统会根据列值自动判断列的数据类型。

本章还介绍了 create table、alter、insert、update、delete、select 等 SQL 命令，讲解了应用 sqlite3 模块访问数据库的过程。

课后习题

1．简答题

（1）数据库可以分为关系型数据库和非关系型数据库，什么是关系？

（2）在 Python 不安装 SQLite 数据库的情况下，可以直接访问 SQLite 数据库吗？

（3）在 SQLite3 的命令窗口中，常用的操作 SQLite 数据库的命令有哪些？

（4）在 Python 中，访问 SQLite3 数据库主要使用哪些对象，其功能是什么？

（5）请列举出 SQLite 数据库支持的 5 种数据类型？SQLite 数据库的动态数据类型有什么特点？

（6）游标对象的 fetchone()、fetchall()、fetchmany()方法有什么区别？

2．选择题

（1）在 SQL 中，实现分组查询的选项是哪一项？（　　）

A．order by　　　　　　B．group by　　　　C．having　　　　　　　D．asc

（2）下列关于 SQL 语句的说法中，正确的是哪一项？（　　）

A．必须是大写的字母　　　　　　　　B．必须是小写的字母

C．大小写字母均可　　　　　　　　　D．大小写字母不能混合使用

（3）"delete from s where age>60" 语句的功能是什么？（　　）

A．从 s 表中删除 age 大于 60 岁的记录

B．从 s 表中删除 age 大于 60 岁的首条记录

C．删除 s 表

D．删除 s 表的 age 列

（4）"update s set age=age+1" 语句的功能是什么？（　　）

A．将 s 表中所有记录的 age 值修改为 1

B．给 s 表中所有记录的 age 值加 1

C．给 s 表中当前记录的 age 值加 1

D．将 s 表中当前记录的 age 值修改为 1

（5）在 Python 中连接 SQLite3 的 test 数据库，正确的代码是哪一项？（　　）

A．conn= sqlite3.connect("E:\db\test")

B．conn= sqlite3.connect("E:/db/test")

C．conn= sqlite3.Connect("E:\db\test")

D．conn= sqlite3.Connect("E:/db/test")

（6）关于 SQLite3 的数据类型的说法中，**不正确**的是哪一项？（　　）

A．在 SQLite3 数据库中，表的主键应为 integer 类型

B．SQLite3 的动态数据类型与其他数据库使用的静态数据类型是不兼容的

C．SQLite3 的表可以不声明列的类型

D．SQLite3 的动态数据类型是指根据列值自动判断列的数据类型

（7）已知 Cursor 对象 cur，使用 Cursor 对象的 execute()方法可返回结果集，下列命令中**不正确**的是哪一项？（　　）

A．cur.execute()　　　　　　　　　　B．cur.executeQuery()

C．cur.executemany()　　　　　　　　D．cur.executescript()

（8）下列选项中，**不属于** Connect 对象 conn 的方法是（　　）。

A．conn.commit()　　　B．conn.close()　　　C．conn.execute()　　　D．conn.open()

3．编程题

（1）基于 11.3 节创建的 test.db 数据库和 employee 表，完成下列 SQL 命令。

① 查询工资在 5000 至 7000 元的雇员信息。

② 将所有雇员信息按工资降序排列。

③ 查询 employee 表中男女雇员人数及其平均工资（显示：性别、人数、平均工资）。

④ 使用 delete from 命令删除性别为女的雇员记录。

（2）以 11.3 节课堂练习中的图书表 books 为基础，建立一个简单的图书管理系统，实现图书信息的增加、删除、修改、条件查询等功能。